建筑工程施工质量验收强制性条文应用技术要点

(2002版)

本书编委会

中国建筑工业出版社

图书在版编目（CIP）数据

建筑工程施工质量验收强制性条文应用技术要点
（2002版）/《建筑工程施工质量验收强制性条文应用技术要点》编委会编．—北京：中国建筑工业出版社，2003
 ISBN 978-7-112-05742-9

Ⅰ．建… Ⅱ．建… Ⅲ．建筑工程—工程验收—规范—中国 Ⅳ．TU711-65

中国版本图书馆CIP数据核字（2003）第021059号

本书是为进一步贯彻2002版建筑工程施工质量验收规范强制性条文而编写。内容由14本施工质量验收规范分14章组成，详细介绍各规范中强制性条文的应用要点。本书可帮助建筑安装施工企业更好地掌握和理解强制性条文，有利于建筑施工质量验收规范的贯彻实施。

本书既可作为工程技术人员学习和掌握强制性条文的工具书，也可作为工程质量验收规范学习、培训参考书。

* * *

责任编辑　胡永旭　周世明

建筑工程施工质量验收强制性条文应用技术要点
（2002版）
本书编委会

*

中国建筑工业出版社出版、发行（北京西郊百万庄）
各地新华书店、建筑书店经销
北京云浩印刷有限责任公司印刷

*

开本：787×1092毫米　1/16　印张：13¾　字数：329千字
2003年5月第一版　2011年9月第十四次印刷
印数：67001—69000册　定价：**28.00元**
ISBN 978-7-112-05742-9
（11381）

版权所有　翻印必究
如有印装质量问题，可寄本社退换
（邮政编码100037）

建筑工程施工质量验收强制性条文应用技术要点

编委会名单

顾　问：	金德钧
主　任：	王素卿
副主任：	徐　波　曲俊义
委　员：	（按姓氏笔画为序）卫　明　马大玲　马国栋
	王小红　王广珍　王贝锁　王　虹　王承业
	孙芳俊　孙洪波　邵长利　李大伟　李金洲
	张宝泉　张森林　杨德玲　周树信　赵宏彦
	高　光　梁　军　耿俊利　梁建明　余建国
主要编写人：	张建明　岳石柱　杜君平　杨玉江
统　稿：	吴松勤　郑荣科
组织编写单位：	中国建筑业协会工程建设质量监督分会

序

  2002年版《工程建设标准强制性条文》的发布是我国建设事业中的一件大事。新版强制性条文对于提升行业监管能力，强化企业质量管理意识，全面提高工程质量整体水平，具有重大指导意义。也是充分体现"三个代表"重要思想，确保建设工程质量安全，利国、利民的一件好事、实事。

  在不断深化改革、创新发展过程中，工程建设标准化工作也取得了重大改革，在加入WTO组织形势下，在与国际贯例靠近的步伐中，我国工程建设标准提出了强制性条文这一新理念。涉及到建设工程的标准、规范、规程众多，在实际运用过程中，无论建设、勘察、设计、施工、监理各方，还是广大工程技术人员，对如何准确掌握和运用规范、标准一直是困绕质量管理的一项课题。《工程建设强制性条文》对我们更科学、准确的理解、执行有关建设工程结构质量的标准、规范提供了重要依据，也是深入贯彻《建设工程质量管理条例》的重要措施。因此，《工程建设标准强制性条文》更具科学性、准确性和权威性。它是所有规范、标准的核心，是工程建设过程中必须全面贯彻执行的。

  中国建筑业协会质量监督分会，根据新版强制性条文（施工质量部分），编写的这本《建筑工程施工质量验收强制性条文应用技术要点》比较系统的对原条文进行了说明与图示，明确了监督检查的技术要点，提出了落实措施。针对性、可操作性较强，形象直观，深入浅出。完全可以起到广大工程技术人员、管理人员建筑工程质量控制好帮手的作用。

  当前，全国各地建设事业蓬勃发展，建设工程中所采用新技术、新结构、新工艺、新材料不断涌现。在落实全面建设小康社会总任务的进程中，建设工程质量安全是建设事业的永恒主题。我们要坚定不移的贯彻好《建设工程质量管理条例》，建设工程各方责任主体严格执行国家强制性条文，建设事业必将迎来更加美好的明天，工程质量整体水平将会再跃新台阶。

31/3/03

前　言

2002年12月5日，《工程建设标准强制性条文》（房屋建筑部分）2002年正式公布实施。这比2000版更加完善，对贯彻落实工程建设标准有很好的指导意义。《工程建设标准强制性条文》是规范工程建设全过程中质量行为的强制性技术规定，是参与工程建设活动各方执行工程建设强制性标准的重点，也是政府对执行工程建设的强制性标准情况实施监督的依据。执行《工程建设标准强制性条文》是从技术上确保建设工程质量的关键，同时也是推进工程建设的标准体系改革所迈出的关键一步，对保证工程质量、安全和规范建筑市场起着极为重要的作用。

建设部对建筑工程施工及验收规范和建筑工程质量检验评定标准两个系列标准进行了全面修订，同时修订了强制性条文，逐步形成了建筑工程施工质量验收系列规范体系。此次规范的修订，从技术内容到方针政策都进行了重大的调整，对整个工程标准体系及工程质量管理产生了较大的影响，也是工程建设标准化历史上一个较深层次的改革，是应对我国加入世界贸易组织WTO规范建筑技术市场秩序的需要，使建筑工程施工质量验收更加科学化，更能发挥建筑业全行业的积极性，特别是施工企业的积极性，来确保工程质量以及促进工程质量的不断提高，也更能适应市场经济形势的需要。

建设部于2000年8月以81号部长令发布的《实施工程建设强制性标准监督规定》，其中明确规定了强制性标准监督抽查的内容，有关工程技术人员应该熟悉、掌握强制性标准；工程项目的规划、勘察、设计、施工验收应该符合强制性标准的规定；工程项目采用的材料、设备，以及工程项目的安全、质量应该符合强制性标准的规定，是监督检查中重要的基本的检查内容。

强制性条文发布后，各地对贯彻执行好强制性条文都做了很多工作，方式多种多样，都是很有效的方法，对贯彻强制性条文有很好的作用。为了能更好的落实施工阶段的强制性条文，我们组织编写了这本强制性条文应用技术要点，这也是一种贯彻落实强制性条文的好方法，给予推荐使用。同时，也是抛砖引玉，希望能有更好的方法和措施产生出来，把我们的工程建设标准贯彻得更好。本应用技术要点由建设部工程质量安全监督与行业发展司组织，中建协工程质量监督分会等有关单位及人员参加编写。在编写过程中，得到了建筑工程施工质量验收规范编写组的有关专家、建筑部有关司的同志和桂业琨、张文勃、侯兆欣、张昌叙、哈成德、孟小平、熊杰民、宋波、钱大治、张耀良、陈凤旺等同志的有力指导，在此表示感谢。本应用技术要点图文并茂，浅显易懂、便于理解，是施工人员及工程管理人员工作必备的参考书，对工程质量管理方面的其他人员及相关专业的师生也具有一定参考作用。

编　者

目 录

1. 《建筑工程施工质量验收统一标准》GB 50300—2001 1
   - 1.1 第3.0.3条 1
   - 1.2 第5.0.4条 6
   - 1.3 第5.0.7条 11
   - 1.4 第6.0.3条 11
   - 1.5 第6.0.4条 12
   - 1.6 第6.0.7条 13
2. 《建筑地基基础工程施工质量验收规范》GB 50202—2002 19
   - 2.1 第4.1.5条 19
   - 2.2 第4.1.6条 20
   - 2.3 第5.1.3条 21
   - 2.4 第5.1.4条 22
   - 2.5 第5.1.5条 24
   - 2.6 第7.1.3条 25
   - 2.7 第7.1.7条 26
3. 《砌体工程施工质量验收规范》GB 50203—2002 29
   - 3.1 第4.0.1条 29
   - 3.2 第4.0.8条 32
   - 3.3 第5.2.1条 32
   - 3.4 第5.2.3条 35
   - 3.5 第6.1.2条 36
   - 3.6 第6.1.7条 36
   - 3.7 第6.1.9条 37
   - 3.8 第6.2.1条 37
   - 3.9 第6.2.3条 38
   - 3.10 第7.1.9条 40
   - 3.11 第7.2.1条 40
   - 3.12 第8.2.1条 41
   - 3.13 第8.2.2条 42
   - 3.14 第10.0.4条 43
4. 《混凝土结构工程施工质量验收规范》GB 50204—2002 45
   - 4.1 第4.1.1条 45
   - 4.2 第4.1.3条 46

4.3	第5.1.1条	48
4.4	第5.2.1条	48
4.5	第5.2.2条	50
4.6	第5.5.1条	50
4.7	第6.2.1条	51
4.8	第6.3.1条	54
4.9	第6.4.4条	54
4.10	第7.2.1条	56
4.11	第7.2.2条	59
4.12	第7.4.1条	61
4.13	第8.2.1条	62
4.14	第8.3.1条	64
4.15	第9.1.1条	65

5. 《钢结构工程施工质量验收规范》GB 50205—2001 …… 67

5.1	第4.2.1条	67
5.2	第4.3.1条	75
5.3	第4.4.1条	77
5.4	第5.2.2条	79
5.5	第5.2.4条	80
5.6	第6.3.1条	82
5.7	第8.3.1条	83
5.8	第10.3.4条	84
5.9	第11.3.5条	85
5.10	第12.3.4条	86
5.11	第14.2.2条	87
5.12	第14.3.3条	88

6. 《木结构工程施工质量验收规范》GB 50206—2002 …… 90

6.1	第5.2.2条	90
6.2	第6.2.1条	92
6.3	第7.2.1条	92
6.4	第7.2.2条	93
6.5	第7.2.3条	99

7. 《屋面工程质量验收规范》GB 50207—2002 …… 101

7.1	第3.0.6条	101
7.2	第4.1.8条	108
7.3	第4.2.9条	108
7.4	第4.3.16条	109
7.5	第5.3.10条	110
7.6	第6.1.8条	111

7.7	第6.2.7条	112
7.8	第7.1.5条	113
7.9	第7.3.6条	114
7.10	第8.1.4条	115
7.11	第9.0.11条	116

8.《地下防水工程质量验收规范》GB 50208—2002 …… 118
    8.1   第3.0.6条 …… 118
    8.2   第4.1.8条 …… 124
    8.3   第4.1.9条 …… 126
    8.4   第4.2.8条 …… 128
    8.5   第4.5.5条 …… 129
    8.6   第5.1.10条 …… 130
    8.7   第6.1.8条 …… 131

9.《建筑地面工程施工质量验收规范》GB 50209—2002 …… 133
    9.1   第3.0.3条 …… 133
    9.2   第3.0.6条 …… 134
    9.3   第3.0.15条 …… 134
    9.4   第4.9.3条 …… 135
    9.5   第4.10.8条 …… 136
    9.6   第4.10.10条 …… 137
    9.7   第5.7.4条 …… 138

10.《建筑装饰装修工程质量验收规范》GB 50210—2001 …… 140
    10.1   第3.1.1条 …… 140
    10.2   第3.1.5条 …… 140
    10.3   第3.2.3条 …… 141
    10.4   第3.2.9条 …… 143
    10.5   第3.3.4条 …… 144
    10.6   第3.3.5条 …… 144
    10.7   第4.1.12条 …… 145
    10.8   第5.1.11条 …… 146
    10.9   第6.1.12条 …… 147
    10.10   第8.2.4条 …… 148
    10.11   第8.3.4条 …… 148
    10.12   第9.1.8条 …… 150
    10.13   第9.1.13条 …… 152
    10.14   第9.1.14条 …… 153
    10.15   第12.5.6条 …… 154

11.《建筑给水排水及采暖工程施工质量验收规范》GB 50242—2002 …… 155
    11.1   第3.3.3条 …… 155

11.2	第3.3.16条	156
11.3	第4.1.2条	158
11.4	第4.2.3条	160
11.5	第4.3.1条	161
11.6	第5.2.1条	162
11.7	第8.2.1条	163
11.8	第8.3.1条	164
11.9	第8.5.1条	165
11.10	第8.5.2条	166
11.11	第8.6.1条	166
11.12	第8.6.3条	168
11.13	第9.2.7条	168
11.14	第10.2.1条	169
11.15	第11.3.3条	170
11.16	第13.2.6条	171
11.17	第13.4.1条	173
11.18	第13.4.4条	174
11.19	第13.5.3条	175
11.20	第13.6.1条	176

12. 《通风与空调工程施工质量验收规范》GB 50243—2002 …… 178
  12.1 第4.2.3条 …… 178
  12.2 第4.2.4条 …… 178
  12.3 第5.2.4条 …… 179
  12.4 第5.2.7条 …… 180
  12.5 第6.2.1条 …… 180
  12.6 第6.2.2条 …… 181
  12.7 第6.2.3条 …… 182
  12.8 第7.2.2条 …… 182
  12.9 第7.2.7条 …… 183
  12.10 第7.2.8条 …… 184
  12.11 第8.2.6条 …… 185
  12.12 第8.2.7条 …… 185
  12.13 第11.2.1条 …… 186
  12.14 第11.2.4条 …… 187

13. 《建筑电气工程施工质量验收规范》GB 50303—2002 …… 188
  13.1 第3.1.7条 …… 188
  13.2 第3.1.8条 …… 188
  13.3 第4.1.3条 …… 189
  13.4 第7.1.1条 …… 190

13.5	第8.1.3条	190
13.6	第9.1.4条	191
13.7	第11.1.1条	192
13.8	第12.1.1条	192
13.9	第13.1.1条	193
13.10	第14.1.2条	194
13.11	第15.1.1条	194
13.12	第19.1.2条	195
13.13	第19.1.6条	196
13.14	第21.1.3条	196
13.15	第22.1.2条	197
13.16	第24.1.2条	198

14．《电梯工程施工质量验收规范》GB 50310—2002 …… 200
　14.1　第4.2.3条 …… 200
　14.2　第4.5.2条 …… 201
　14.3　第4.5.4条 …… 202
　14.4　第4.8.1条 …… 203
　14.5　第4.8.2条 …… 203
　14.6　第4.9.1条 …… 204
　14.7　第4.10.1条 …… 204
　14.8　第4.11.3条 …… 205
　14.9　第6.2.2条 …… 206

1.《建筑工程施工质量验收统一标准》GB 50300—2001

1.1 第 3.0.3 条

一、条文内容

建筑工程施工质量应按下列要求验收：

1. 建筑工程施工质量应符合本标准和相关专业验收规范的规定。
2. 建筑工程施工应符合工程勘察、设计文件的要求。
3. 参加工程施工质量验收的各方人员应具备规定的资格。
4. 工程质量的验收均应在施工单位自行检查评定的基础上进行。
5. 隐蔽工程在隐蔽前应由施工单位通知有关单位进行验收，并应形成验收文件。
6. 涉及结构安全的试块、试件以及有关材料，应按规定进行见证取样检测。
7. 检验批的质量应按主控项目和一般项目验收。
8. 对涉及结构安全和使用功能的重要分部工程应进行抽样检测。
9. 承担见证取样检测及有关结构安全检测的单位应具有相应资质。
10. 工程的观感质量应由验收人员通过现场检查，并应共同确认。

二、图示（图 1-1）

三、说明

1．工程勘察和设计文件要求

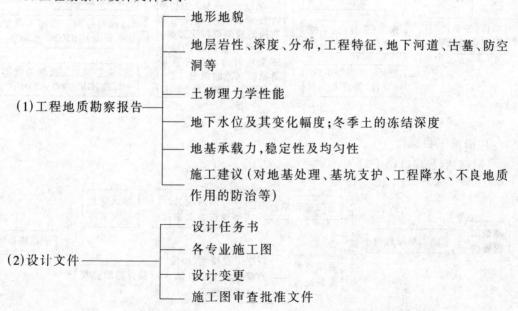

图 1-1

2. 隐蔽工程验收

(1) 验收程序（图 1-2）

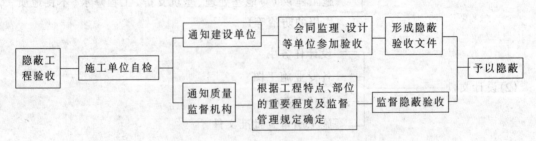

图 1-2

（2）主要隐蔽验收项目（部位）（表1-1）：

表1-1

分部工程	隐蔽验收内容
地基基础	定位抄平放线记录
	土方工程（基槽开挖、管沟开挖、土质情况）
	地基处理
	桩基施工
	基础钢筋、混凝土、砖石砌筑
主体结构	砌体组砌方法、配筋砌体
	变形缝构造
	梁、板柱钢筋（品种、规格、数量、位置、接头、锚固、保护层等）
	预埋件数量和位置、牢固情况
	焊接检查（强度、焊缝长度、厚度、外观及内部超声、射线检查）
	墙体拉结筋（数量、长度、位置）
屋面	保温层、找平层、防水层、隔离层
装饰装修	各类装饰工程的基层、吊顶埋设件及骨架、防水层及蓄水试验
给排水及采暖	给排水管道地下部分
	暗装干支立管、保温管道
	采暖地沟干管
电梯	梯井埋设件、承重梁埋设、钢丝绳头灌注
电气	暗配线（线路走向、位置、配管规格等）、暗装接地装置
	防雷系统（结构主筋连接、接地装置、均压环）
通风与空调	绝热、吊顶内（或管井内）风管及管道
智能建筑	通信网络、办公自动化、设备监控
	安全防范、火灾与消防等系统

3．见证取样规定

（1）见证人员的要求：

见证人员应由建设单位或监理单位具备建筑施工试验知识的专业技术人员担任。

（2）见证取样的范围：

下列试块、试件和材料必须实施见证取样和送检：

①用于承重结构的混凝土试块；

②用于承重墙体的砌筑砂浆试块；

③用于承重结构的钢筋及连接接头试件；

④用于承重墙的砖和混凝土小型砌块；

⑤用于拌制混凝土和砌筑砂浆的水泥；

⑥用于承重结构的混凝土中使用的掺加剂；

⑦地下、屋面、厕浴间使用的防水材料；

⑧国家规定必须实行见证取样和送检的其他试块、试件和材料。
(3) 见证取样的数量:
不得低于有关技术标准中规定取样数量的30%。
4．检验批的质量验收:
(1) 检验批的划分:
检验批可根据施工及质量控制和专业验收需要按楼层、施工段、变形缝等进行划分。
①多层及高层建筑工程中主体分部的分项可按楼层或施工段来划分检验批;
②单层建筑工程中的分项工程可按变形缝等划分检验批;
③地基基础分部工程中的分项工程一般划分为一个检验批;有地下层的基础工程可按不同地下层划分检验批;
④屋面分部工程中的分项工程不同楼层屋面可划分检验批;
⑤其他分部工程中的分项工程,一般按楼层划分检验批;
⑥对于工程量较少的分项工程可统一划为一个检验批;
⑦安装工程一般按一个设计系统或设备组别划分一个检验批;
⑧室外工程统一划分为一个检验批;
⑨散水、台阶、明沟等含在地面检验批中。
(2) 检验批的组成:

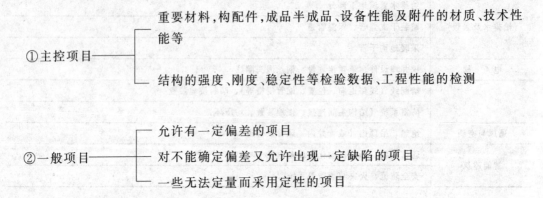

(3) 抽样方案:
①计量、计数或计量-计数抽样;
②一次、二次或多次抽样;
③根据生产连续性和生产控制稳定性情况采用调整型抽样;
④对重要检验项目可采用简易快速的检验方法时,可选用全数检验方案;
⑤经实践检验有效的抽样方案。
(4) 合格质量条件:
①主控项目和一般项目的质量经抽样检验合格;
②具有完整的施工操作依据,质量检查记录。
5．重要分部工程（涉及结构安全和使用功能）的抽样检测:
(1) 主要抽测项目（表1-2）:

表1-2

序号	分部	抽样检测项目
1	地基基础	混凝土强度、砂浆强度
2		钢筋保护层厚度
3		地下室防水效果检查
4	主体结构	混凝土强度、砂浆强度
5		钢结构的连接、安装
6		钢筋保护层厚度
7		建筑物垂直度、标高、全高
8		建筑物沉降观测
9	装饰	有防水要求的地面蓄水试验
10		幕墙及外窗气密性、水密性、耐风压检测
11	屋面	屋面淋水试验抽测
12	给排水与采暖	给水管道通水试验
13		卫生器具满水抽测
14		暖气管道、散热器压力抽测
15		消防、燃气管道压力抽测
16		排水干管通球抽测
17		厨厕地面防水抽测
18	电气	照明全负荷
19		大型灯具牢固性
20		避雷接地电阻
21		线路、插座、开关接线
22	通风空调	通风、空调系统试运行
23		风量、温度测试
24		洁净室洁净度
25		制冷机组试运行调试
26	电梯	电梯运行
27		电梯安全装置检测
28	智能建筑	系统试运行
29		系统电源及接地

(2) 检测方法：
①对结构强度采用非破损或微破损方法；
②对其他项目按相关规范规定。
6. 对检测单位的要求
(1) 质量检测机构应取得《建设工程质量检测机构资质认证合格证书》和技术监督部门核发的《计量认证合格证书》。
(2) 有完善的管理制度。
(3) 人员有上岗证。
7. 观感质量评定（表1-3）：

表 1-3

评定标准	参照各分项工程主控项目和一般项目的有关部分综合考虑
评定内容	见表 G.0.1-4
评定方法	现场检查（观察、触摸、测量）听取各方意见，总监为主导和监理工程师共同确定
评定等级	好、一般、差
参加人员	以监理单位为主，总监组织，三个以上监理工程师参加，另外施工单位项目经理、技术质量部门人员参加

四、措施
(1) 施工中不应随意更改设计。
(2) 必须根据工程地质勘察报告提供的地质评价和建议，编制地基、基础工程施工方案。
(3) 认真审查各方参验人员上岗资格。
(4) 施工单位按企业标准和操作规程精心施工。
(5) 认真作好隐蔽工程验收。
(6) 严格执行见证取样制度。
(7) 作好重要分部工程的抽样检测。

五、检查要点
(1) 检查单位（子单位）工程、分部（子分部）工程、分项工程、检验批质量验收的组织形式、验收程序、执行标准等情况。
(2) 核查各种验收表格及其签证情况。
(3) 检查隐蔽工程验收记录。

1.2 第5.0.4条

一、条文内容
单位（子单位）工程质量验收合格应符合下列规定：
1. 单位（子单位）工程所含分部（子分部）工程的质量均应验收合格。
2. 质量控制资料应完整。
3. 单位（子单位）工程所含分部工程有关安全和功能的检测资料应完整。
4. 主要功能项目的抽查结果应符合相关专业质量验收规范的规定。
5. 观感质量验收应符合要求。

二、图示（图1-3）

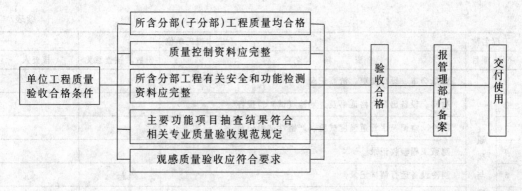

图 1-3

三、说明

1．质量控制资料（表1-4）

表 1-4

工程名称			施工单位			
序号	项目	资　料　名　称	份数	核查意见		核查人
1	建筑与结构	图纸会审、设计变更、洽商记录				
2		工程定位测量、放线记录				
3		原材料出厂合格证书及进场检（试）验报告				
4		施工试验报告及见证检测报告				
5		隐蔽工程验收记录				
6		施工记录				
7		预制构件、预拌混凝土合格证				
8		地基、基础、主体结构检验及抽样检测资料				
9		分项、分部工程质量验收记录				
10		工程质量事故及事故调查处理资料				
11		新材料、新工艺、新技术施工记录				
12						
1	给排水与采暖	图纸会审、设计变更、洽商记录				
2		材料、配件出厂合格证书及进场检（试）验报告				
3		管道、设备强度试验、严密性试验记录				
4		隐蔽工程验收记录				
5		系统清洗、灌水、通水、通球试验记录				
6		施工记录				
7		分项、分部工程质量验收记录				
8						
1	建筑电气	图纸会审、设计变更、洽商记录				
2		材料、设备出厂合格证书及进场检（试）验报告				
3		设备调试记录				
4		接地、绝缘电阻测试记录				
5		隐蔽工程验收记录				
6		施工记录				
7		分项、分部工程质量验收记录				
8						

7

续表

工程名称			施工单位			
序号	项目	资料名称		份数	核查意见	核查人
1	通风与空调	图纸会审、设计变更、洽商记录				
2		材料、设备出厂合格证书及进场检（试）验报告				
3		制冷、空调、水管道强度试验、严密性试验记录				
4		隐蔽工程验收记录				
5		制冷设备运行调试记录				
6		通风、空调系统调试记录				
7		施工记录				
8		分项、分部工程质量验收记录				
9						
1	电梯	土建布置图纸会审、设计变更、洽商记录				
2		设备出厂合格证书及开箱检验记录				
3		隐蔽工程验收记录				
4		施工记录				
5		接地、绝缘电阻测试记录				
6		负荷试验、安全装置检查记录				
7		分项、分部工程质量验收记录				
8						
1	建筑智能化	图纸会审、设计变更、洽商记录、竣工图及设计说明				
2		材料、设备出厂合格证及技术文件及进场检（试）验报告				
3		隐蔽工程验收记录				
4		系统功能测定及设备调试记录				
5		系统技术、操作和维护手册				
6		系统管理、操作人员培训记录				
7		系统检测报告				
8		分项、分部工程质量验收报告				

结论：

施工单位项目经理　年　月　日　　　　总监理工程师
　　　　　　　　　　　　　　　　（建设单位项目负责人）　年　月　日

2. 分部工程有关安全和功能的检测资料（表1-5）：

表 1-5

工程名称			施工单位				
序号	项目	安全和功能检查项目		份数	核查意见	抽查结果	核查（抽查）人
1	建筑与结构	屋面淋水试验记录					
2		地下室防水效果检查记录					
3		有防水要求的地面蓄水试验记录					
4		建筑物垂直度、标高、全高测量记录					
5		抽气（风）道检查记录					
6		幕墙及外窗气密性、水密性、耐风压检测报告					
7		建筑物沉降观测测量记录					
8		节能、保温测试记录					
9		室内环境检测报告					
10							
1	给排水与采暖	给水管道通水试验记录					
2		暖气管道、散热器压力试验记录					
3		卫生器具满水试验记录					
4		消防管道、燃气管道压力试验记录					
5		排水干管通球试验记录					
6							
1	电气	照明全负荷试验记录					
2		大型灯具牢固性试验记录					
3		避雷接地电阻测试记录					
4		线路、插座、开关接线检验记录					
5							
1	通风与空调	通风、空调系统试运行记录					
2		风量、温度测试记录					
3		洁净室洁净度测试记录					
4		传冷机组试运行调试记录					
5							
1	电梯	电梯运行记录					
2		电梯安全装置检测报告					
1	智能建筑	系统试运行记录					
2		系统电源及接地检测报告					
3							

结论：

　　　　　　　　　　　　　　　　　　　　　　　总监理工程师
　施工单位项目经理　　年　月　日　　　　　（建设单位项目负责人）　年　月　日

注：抽查项目由验收组协商确定。

9

3. 观感质量验收资料（表1-6）

表1-6

工程名称				施工单位			
序号		项目	抽查质量状况		质量评价		
					好	一般	差
1	建筑与结构	室外墙面					
2		变形缝					
3		水落管，屋面					
4		室内墙面					
5		室内顶棚					
6		室内地面					
7		楼梯、踏步、护栏					
8		门窗					
1	给排水与采暖	管道接口、坡度、支架					
2		卫生器具、支架、阀门					
3		检查口、扫除口、地漏					
4		散热器、支架					
1	建筑电气	配电箱、盘、板、接线盒					
2		设备器具、开关、插座					
3		防雷、接地					
1	通风与空调	风管、支架					
2		风口、风阀					
3		风机、空调设备					
4		阀门、支架					
5		水泵、冷却塔					
6		绝热					
1	电梯	运行、平层、开关门					
2		层门、信号系统					
3		机房					
1	智能建筑	机房设备安装及布局					
2		现场设备安装					
3							
观感质量综合评价							
检查结论				总监理工程师			
	施工单位项目经理　年　月　日			（建设单位项目负责人）　年　月　日			

四、措施

及时整理所有分部（子分部）质量验收记录，单位工程质量控制资料，单位工程安全功能检验资料和观感质量检查资料。

五、检查要点

逐项检查各种验收资料是否齐全、完整及有关人员的签证情况。

1.3 第 5.0.7 条

一、条文内容

通过返修或加固处理仍不能满足安全使用要求的分部工程、单位（子单位）工程，严禁验收。

二、图示（图 1-4）

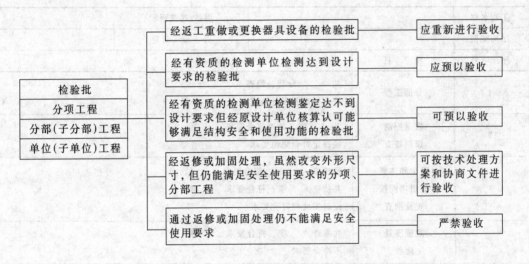

图 1-4

三、说明

（1）满足安全使用要求是指工程质量经有资质的检测单位检测鉴定达不到设计要求，但经原设计单位核算认可能够满足结构安全和使用功能。

（2）不能验收的工程必须拆除重建。

四、措施

（1）由检测单位进行检测取得有关数据。

（2）召开专家论证会，确定是否返修或加固处理。

五、检查要点

（1）检查检测数据及加固处理方案。

（2）检查各方协商文件与设计单位处理意见。

1.4 第 6.0.3 条

一、条文内容

单位工程完工后，施工单位应自行组织有关人员进行检查评定，并向建设单位提交工程验收报告。

二、图示（图 1-5）

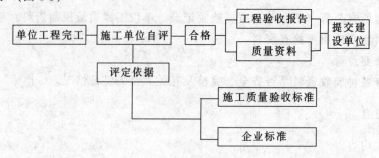

图 1-5

三、说明（表 1-7）

工程验收报告　　　　　　　　　　　　　　　表 1-7

工程名称		层数/建筑面积	
结构类型		开、竣工日期	
序 号	项 目	验 收 记 录	
1	分部工程	共　　分部，经查　　分部，符合标准及设计要求　　分部	
2	质量控制资料核查	共　　项，经查符合要求　　项，经核定符合规范要求　　项	
3	安全和主要使用功能核查及抽查	经核查　　项，符合要求　　项，共抽查　　项，符合要求　　项，经返工处理符合要求　　项	
4	观感质量验收	共抽查　　项，符合要求　　项，不符合要求　　项	
评定结论			
评定人员	施工单位负责人：　　项目负责人：　　技术质量负责人：		（公章）年　月　日

四、措施

（1）要求企业制定出自己的企业标准，保证不低于国家验收规范标准。

（2）施工中提高管理和操作水平，提高一次验收通过率。

五、检查要点

检查工程验收报告。

1.5 第 6.0.4 条

一、条文内容

建设单位收到工程验收报告后，应由建设单位（项目）负责人组织施工（含分包单位）、设计、监理等单位（项目）负责人进行单位（子单位）工程验收。

二、图示（图 1-6）

图 1-6

三、说明

1．工程竣工验收应当具备下列条件

（1）完成建设工程全部设计和合同约定的各项内容，达到使用要求；

（2）有完整的技术档案和施工管理资料；

（3）有工程使用的主要建筑材料、构配件和设备的进场试验报告；

（4）有勘察、设计、施工图审查机构、施工、监理等单位分别签署的质量合格文件；

（5）有施工单位签署的工程保修书。

2．工程竣工验收程序

（1）施工单位完成设计图纸和合同约定的全部内容后，自行组织验收，并按国家有关技术标准自评质量等级，由施工单位法人代表和技术负责人签字、盖公章后，提交监理单位（未委托监理的工程直接交建设单位）；

（2）监理单位审查竣工报告，并经监理单位法人代表和总监签字、盖公章。由施工单位向建设单位申请验收；

（3）建设单位提请规划、消防、环保、档案等有关部门进行专项验收，取得合格证明文件；

（4）建设单位审查竣工报告，并组织设计、施工、监理、施工图审查机构等单位进行竣工验收，由质量监督部门实施验收监督；

（5）建设单位编制工程竣工验收报告。

四、措施

（1）建设单位制定工程竣工验收管理制度。

（2）监理单位协助做好有关验收工作和具体事项。

五、检查要点

（1）检查参加验收人员的资格。

（2）检查验收的组织形式、验收程序、执行标准等情况。

1.6 第6.0.7条

一、条文内容

单位工程质量验收合格后，建设单位应在规定时间内将工程竣工验收报告和有关文件，报建设行政管理部门备案。

二、图示（图1-7）

三、说明（表1-8）

1．建设单位组织工程竣工验收

（1）建设、勘察、设计、施工、监理单位分别汇报工程合同履约情况和在工程建设各个环节执行法律、法规和工程建设强制性标准的情况；

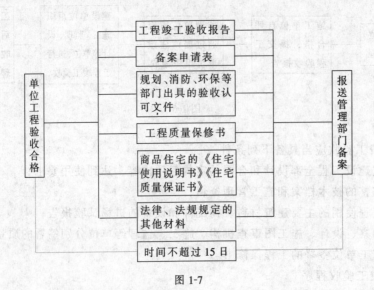

图1-7

(2) 审阅建设、勘察、设计、施工、监理单位的工程档案资料；

(3) 实地查验工程质量；

(4) 对工程勘察、设计、施工、设备安装质量和各管理环节等方面做出全面评价，形成经验收组人员签署的工程竣工验收意见。

参与工程竣工验收的建设、勘察、设计、施工、监理等各方不能形成一致意见时，应当协商提出解决的方法，待意见一致后，重新组织工程竣工验收。

2. 工程竣工验收合格后，建设单位应当及时提出工程竣工验收报告。工程竣工验收报告主要包括工程概况，建设单位执行基本建设程序情况，对工程勘察、设计、施工、监理等方面的评价，工程竣工验收时间、程序、内容和组织形式，工程竣工验收意见等内容。

3. 负责监督该工程的工程质量监督机构应当对工程竣工验收的组织形式、验收程序、执行验收标准等情况进行现场监督，发现有违反建设工程质量管理规定行为的，责令改正，并将对工程竣工验收的监督情况作为工程质量监督报告的重要内容。

房屋建筑工程和市政基础设施工程竣工验收备案表

表 1-8

建设单位名称	
备案日期	
工程名称	
工程地点	
建筑面积（m^2）	
结构类型	
工程用途	
开工日期	
竣工验收日期	
施工许可证号	
施工图审查意见	

勘察单位名称		资质等级	
设计单位名称		资质等级	
施工单位名称		资质等级	
监理单位名称		资质等级	
工程质量监督机构名称			

竣工验收意见	勘察单位意见	单位（项目）负责人： （公章） 年　月　日
	设计单位意见	单位（项目）负责人： （公章） 年　月　日
	施工单位意见	单位（项目）负责人： （公章） 年　月　日
	监理单位意见	总监理工程师： （公章） 年　月　日
	建设单位意见	单位（项目）负责人： （公章） 年　月　日

工程竣工验收备案文件目录	1．工程竣工验收报告；
	2．施工许可证；
	3．施工图设计文件审查意见；
	4．工程竣工报告；
	5．工程质量评估报告；
	6．勘察、设计文件质量检查报告；
	7．规划验收认可文件；
	8．消防验收文件或准许使用文件；
	9．环保验收文件或准许使用文件；
	10．电梯验收准用证及分部验收文件；
	11．燃气工程验收文件；
	12．《建设工程质量保修书》；
	13．商品住宅还应当提交《住宅质量保证书》和《住宅使用说明书》；
	14．法规、规章、规定必须提供的其他文件
备案意见	该工程的竣工验收备案文件已于　　年　　月　　日收讫，文件齐全。 （公章） 　　年　　月　　日

备案机关负责人		备案经手人	

备案机关处理意见
（公章） 年　月　日

四、措施

行政主管部门严格备案程序，对延期备案或不备案擅自交付使用的，依法给予经济和行政处罚。

五、检查要点

检查备案文档。

2.《建筑地基基础工程施工质量验收规范》GB 50202—2002

2.1 第4.1.5条

一、条文内容

对灰土地基、砂和砂石地基、土工合成材料地基、粉煤灰地基、强夯地基、注浆地基、预压地基，其竣工后的结果（地基强度或承载力）必须达到设计要求的标准。检验数量，每单位工程不应少于3点；1000m² 以上工程，每100m² 至少应有1点；3000m² 以上工程，每300m² 至少应有1点。每一独立基础至少应有1点；基槽每20延米应有1点。

二、图示（图2-1）

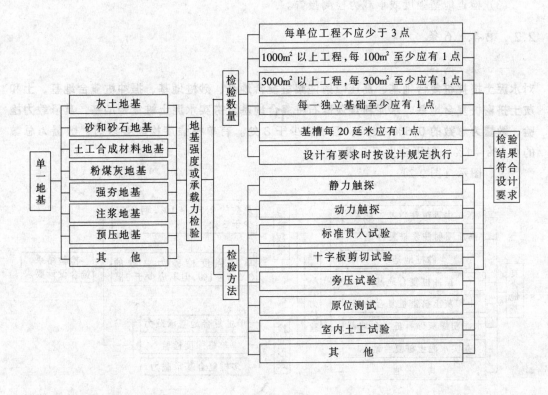

图 2-1

三、说明

地基强度或承载力检验注意事项：

1. 检测布点尽量分布均匀，具有广泛的代表性
2. 当有下列情况时，要重点检验
（1）对施工质量有怀疑的地点；

(2) 原材料有变化的场所；

(3) 气象条件较差时进行施工的地段；

(4) 下有暗浜、沟渠或地质条件较差的区域；

(5) 其他有必要检查的部位。

3．质量检验应在设计规定的间歇期后进行

4．地基质量指标的检验应符合设计要求，检验方法按《建筑地基处理技术规范》JGJ79 的规定执行

四、措施

(1) 选用具有相应资质的地基处理施工单位和检测单位。

(2) 地基处理应有切实可行的施工组织设计。

(3) 施工、监理人员应对施工过程中的质量进行控制。

五、检查要点

(1) 检查地基处理方案。

(2) 检查地基处理原材料试验报告。

(3) 检查地基强度或承载力检测报告。

2.2 第4.1.6条

一、条文内容

对水泥土搅拌桩复合地基、高压喷射注浆桩复合地基、砂桩地基、振冲桩复合地基、土和灰土挤密桩复合地基、水泥粉煤灰碎石桩复合地基及夯实水泥土桩复合地基，其承载力检验，数量为总数的 0.5%～1%，但不应少于 3 处。有单桩强度检验要求时，数量为总数的 0.5%～1%，但不应少于 3 根。

二、图示（图 2-2）

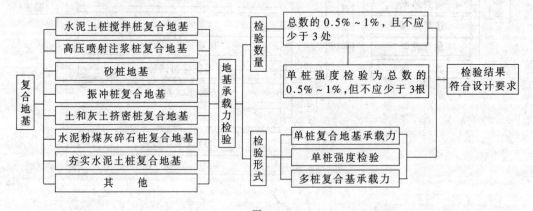

图 2-2

三、说明

1．当有下列情况时，要重点检验

(1) 对施工质量有怀疑的地点；

(2) 原材料有变化的场所；

(3) 气象条件较差时进行施工的地段；

(4) 下有暗浜、沟渠或地质条件较差的区域；

(5) 其他有必要检查的部位。

2．复合地基承载力根据设计要求确定检验形式

四、措施

(1) 选用具有相应资质的地基处理施工单位和检测单位。

(2) 地基处理应制定切实可行的施工组织设计。

(3) 施工、监理人员应对施工过程中的质量进行控制。

五、检查要点

(1) 检查复合地基处理方案。

(2) 检查复合地基原材料试验报告。

(3) 检查复合地基承载力检测报告。

2.3 第5.1.3条

一、条文内容

打（压）入桩（预制混凝土方桩、先张法预应力管桩、钢桩）的桩位偏差，必须符合表2-1的规定。斜桩倾斜度的偏差不得大于倾斜角正切值的15%（倾斜角系桩的纵向中心线与铅垂线间夹角）。

预制桩（钢桩）桩位的允许偏差（mm）　　　　　表2-1

项	项　　　目	允许偏差
1	盖有基础梁的桩： ①垂直基础梁的中心线 ②沿基础梁的中心线	$100+0.01H$ $150+0.01H$
2	桩数为1~3根桩基中的桩	100
3	桩数为4~16根桩基中的桩	1/2桩径或边长
4	桩数大于16根桩基中的桩： ①最外边的桩 ②中间桩	1/3桩径或边长 1/2桩径或边长

注：H为施工现场地面标高与桩顶设计标高的距离。

二、图示

打（压）入桩的桩位控制（图2-3）：

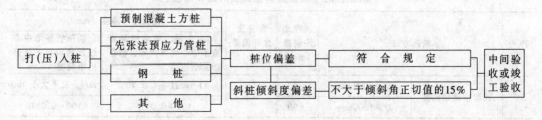

图2-3

三、说明

1．桩位位移和倾斜的主要原因

(1) 轴线放线误差；

(2) 测量控制桩走位；

(3) 成桩顺序不当，造成挤土，使入土的桩位移或被推倾斜；

(4) 成桩工艺、设备不完备。

2．桩位位移和倾斜的危害

(1) 造成承台面积扩大；

(2) 增加桩数量；

(3) 原桩可能报废。

3．桩基工程的验收，除设计有规定外，应按下述要求进行

(1) 当桩顶设计标高与施工场地标高相同时，或桩基施工结束后，有可能对桩位进行检查时，桩基工程的验收应在施工结束后进行。

(2) 当桩顶设计标高低于施工场地标高，送桩后无法对桩位进行检查时，对打入桩可在每根桩桩顶沉至场地标高时，进行中间验收，待全部桩施工结束，承台或底板开挖到设计标高后，再做最终验收。

四、措施

(1) 选用具有相应资质的桩基施工单位。

(2) 制定打桩施工方案（控制打桩顺序及速率等，减少挤土效应）。

(3) 打桩前仔细复查轴线和桩位。

(4) 施工、监理人员应对施工工程中质量进行控制。

五、检查要点

(1) 复查轴线和桩位。

(2) 现场实际量测桩位及斜桩倾斜度。

(3) 检查桩基验收报告。

2.4 第5.1.4条

一、条文内容

灌注桩的桩位偏差必须符合表2-2的规定，桩顶标高至少要比设计标高高出0.5m，桩底清孔质量按不同的成桩工艺有不同的要求，应按本章的各节要求执行。每浇注50m³必须有1组试件，小于50m³的桩，每根桩必须有1组试件。

灌注桩的平面位置和垂直度的允许偏差　　　　表2-2

序号	成孔方法		桩径允许偏差(mm)	垂直度允许偏差(%)	桩位允许偏差（mm）	
					1～3根、单排桩基垂直于中心线方向和群桩基础的边桩	条形桩基沿中心线方向和群桩基础的中间桩
1	泥浆护壁钻孔桩	$D \leqslant 1000mm$	±50	<1	$D/6$，且不大于100	$D/4$，且不大于150
		$D > 1000mm$	±50		$100 + 0.01H$	$150 + 0.01H$

续表

序号	成孔方法		桩径允许偏差（mm）	垂直度允许偏差（%）	桩位允许偏差（mm）	
					1~3根、单排桩基垂直于中心线方向和群桩基础的边桩	条形桩基沿中心线方向和群桩基础的中间桩
2	套管成孔灌注桩	$D \leq 1000mm$	-20	<1	70	150
		$D > 1000mm$			100	150
3	干成孔灌注桩		-20	<1	70	150
4	人工挖孔桩	混凝土护壁	+50	<0.5	50	150
		钢套管护壁	+50	<1	100	200

注：1. 桩径允许偏差的负值是指个别断面。
2. 采用复打、反插法施工的桩，其桩径允许偏差不受上表限制。
3. H 为施工现场地面标高与桩顶设计标高的距离，D 为设计桩径。

二、图示（图2-4）

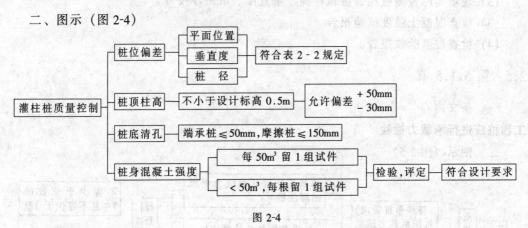

图 2-4

三、说明

1. 灌注桩的常用成孔方法
（1）泥浆护壁钻孔；
（2）套管成孔；
（3）干成孔；
（4）人工挖孔。

2. 桩底清孔要求

沉渣厚度应在钢筋笼放入后，混凝土浇注前测定，因为放钢筋笼、混凝土导管会造成土体跌落，增加沉渣厚度，故沉渣厚度应是两次清孔后的结果，其检查方法用重锤或沉渣仪测量。当清孔不能满足要求时，禁止下道工序进行。

3. 桩位位移的危害
（1）造成承台面积扩大；
（2）增加桩数量；
（3）原桩可能报废。

4. 桩基工程的验收，除设计有规定外，应按下述要求进行
（1）当桩顶设计标高与施工场地标高相同时，或桩基施工结束后，有可能对桩位进行检查时，桩基工程的验收应在施工结束后进行。
（2）当桩顶设计标高低于施工场地标高，对灌注桩可对护筒位置做中间验收。

5. 小于 50m³ 的桩，要做 1 组试件是指单柱单桩。桩顶至少要比设计标高高 0.5m，是指泥浆护壁灌注桩，在其顶部有一段劣质混凝土需凿去，再验收桩顶标高。

四、措施

(1) 选用具有相应资质的桩基施工单位。

(2) 制定灌注桩施工方案。

(3) 成孔前仔细复查轴线和桩位。

(4) 施工、监理人员应对施工过程中的质量进行控制。

(5) 灌注桩混凝土试件应执行见证取样制度。

五、检查要点

(1) 复查轴线和桩位。

(2) 现场实际量测桩径、桩顶标高、垂直度、沉渣厚度等。

(3) 检查混凝土强度试验报告。

(4) 检查桩基验收报告。

2.5 第5.1.5条

一、条文内容

工程桩应进行承载力检验。

二、图示（图 2-5）

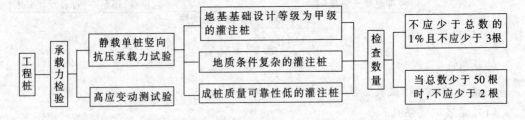

图 2-5

三、说明

1. 地基基础设计等级（表 2-3）

表 2-3

设计等级	建筑和地基类型
甲级	重要的工业与民用建筑物； 30 层以上的高层建筑； 体型复杂，层数相差超过 10 层的高低层连成一体建筑物； 大面积的多层地下建筑物（如地下车库、商场、运动场等）； 对地基变形有特殊要求的建筑物； 复杂地质条件下的坡上建筑物（包括高边坡）； 对原有工程影响较大的新建建筑物； 场地和地基条件复杂的一般建筑物； 位于复杂地质条件及软土地区的 2 层及 2 层以上地下室的基坑工程
乙级	除甲级、丙级以外的工业与民用建筑物
丙级	场地和地基条件简单、荷载分布均匀的 7 层及 7 层以下民用建筑及一般工业建筑物；次要的轻型建筑物

2．检测时间

(1) 对灌注桩：在桩身混凝土达到设计强度后进行。

(2) 对预制桩：在砂土中入土 7d 后进行；

　　　　　　　在黏土中入土 15d 后进行；

　　　　　　　在饱和黏土入土 25d 后进行。

3．承载力不合格的处理

(1) 如承载力检测不合格，可由设计、监理施工各方协商，扩大检查数量，再做检测后判定结论。

(2) 如仍不合格，则应采取补桩或其他措施。

四、措施

(1) 制定工程桩检测方案。

(2) 选用具有相应资质的检测单位。

五、检查要点

(1) 检查桩承载力检测方案及检测报告。

(2) 检查桩基验收报告。

2.6 第7.1.3条

一、条文内容

土方开挖的顺序、方法必须与设计工况相一致，并遵循"开槽支撑，先撑后挖，分层开挖，严禁超挖"的原则。

二、图示（图2-6）

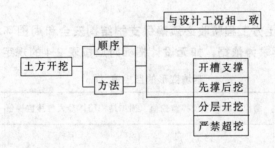

图 2-6

三、说明

1．基坑（槽）土方开挖前的准备工作

(1) 制定开挖方案（根据基槽宽窄、强度、地基条件、周围环境、工期要求选择支护结构形式和施工方法）；

(2) 如有地下水，进行降水、排水措施设计；

(3) 进行支护（撑）结构施工，并验收合格。

上述工作完成后，方可开始土方开挖。

2．基坑（槽）土方开挖的顺序

(1) 在长度上：从一端分段开挖；

(2) 在深度上：分层开挖；

(3) 对特大型基坑：分区、分块开挖。

3．分层开挖

因开挖是一种卸荷过程，如一次开挖过深则卸荷过快，易引起土体失稳，降低土体抗剪性能，所以要求分层开挖。

分层的厚度应根据土质情况和周围环境而定。

4．土方开挖质量安全要点

(1) 基坑边堆土不应超过设计荷载以防边坡塌方；

(2) 挖方时不应碰撞或损伤支护结构、降水设施；

(3) 开挖到设计标高后，应对坑底进行保护，验槽合格后，尽快施工垫层；

(4) 严禁超挖；

(5) 开挖过程中，对支护结构、周围环境进行观察、监测，发现异常及时处理。

四、措施

(1) 基坑工程应选用具有相应资质的单位进行施工。

(2) 制定切实可行的土方开挖与支护方案，并报设计等单位审批。

(3) 施工中密切观察、监测开挖情况及其对支护结构和周围环境的影响，如有异常及时处理。

五、检查要点

(1) 检查土方开挖方案及其落实情况。

(2) 检查支护结构施工质量。

2.7 第7.1.7条

一、条文内容

基坑（槽）、管沟土方工程验收必须确保支护结构安全和周围环境安全为前提。当设计有指标时，以设计要求为依据，如无设计指标时应按表2-4的规定执行。

基坑变形的监控值（cm）　　　　　　　　　　表2-4

基坑类别	围护结构墙顶位移监控值	围护结构墙体最大位移监控值	地面最大沉降监控值
一级基坑	3	5	3
二级基坑	6	8	6
三级基坑	8	10	10

注：1．符合下列情况之一，为一级基坑：

① 重要工程或支护结构做主体结构的一部分；

② 开挖深度大于10m；

③ 与临近建筑物、重要设施的距离在开挖深度以内的基坑；

④ 基坑范围内历史文物、近代优秀建筑、重要管线等需严加保护的基坑。

2．三级基坑为开挖深度小于7m，且周围环境无特别要求时的基坑。

3．除一级和三级外的基坑属二级基坑。

4．当周围已有的设施有特殊要求时，尚应符合这些要求。

二、图示（图 2-7）

图 2-7

三、说明

1. 基坑（槽）、管沟支护的目的

当挖方较深、土质较差、地下水渗流时、可能造成基坑边坡失稳或坍塌事故，为避免安全事故发生，必须对基坑坑壁进行支护（撑）。

2. 对基坑支护的要求

(1) 支护结构有足够的安全度（强度、刚度和稳定性）；

(2) 对周围环境安全可靠；

(3) 支护安装的及时性。

3. 基坑开挖与支护设计的内容

(1) 支护体系的选型；

(2) 支护结构的强度、稳定和变形计算；

(3) 基坑内外土体的稳定性计算；

(4) 基坑降水或止水帷幕设计；

(5) 基坑开挖与地下水变化比引起的基坑内外土体变形及其对邻近建筑物周边环境的影响；

(6) 基坑开挖施工方法；

(7) 施工过程中的监测要求。

4. 基坑支护的方法

(1) 排桩墙支护（灌注桩、预制桩、板桩等构成的支护结构）；

(2) 水泥土桩墙支护（水泥土搅拌桩、高压喷射注浆桩）；

(3) 锚杆及土钉墙支护；

(4) 钢或混凝土支撑系统。

5. 当地质条件较好，土质均匀，且地下水位低于基底时，可做成直壁，而不加支护，但不易超过表 2-5 允许深度

表 2-5

土 种 类	容 许 深 度（m）
密实、中密、砂土	1.0
硬塑、可塑粉质黏土	1.25
硬塑、可塑黏土	1.50
坚硬黏土	2.0

6. 周围环境安全措施：

（1）当基坑（槽）靠近、邻近建筑物或埋深低于邻近建筑物时，对邻近建筑物要设护桩，以防建筑物基础受扰沉陷。

（2）当在邻近建筑物进行降水排水时，大量降水会造成土颗粒流失，使坑外土体沉降，危及坑外周围建筑物，应采取措施如护坡板桩墙等。

四、措施

（1）支护结构方案应经审批后实施。

（2）在土方开挖及工程施工过程中，应设专人对支护结构及周围环境进行监控，并做好监控记录。

（3）出现异常情况，应及时报告并采取应急措施。

（4）土方工程完工后，应经验收合格方可进行下道工序。

五、检查要点

（1）检查支护结构设计文件。

（2）检查支护结构施工质量。

（3）检查施工中对周围环境的影响。

（4）检查土方工程质量验收记录。

3.《砌体工程施工质量验收规范》 GB 50203—2002

3.1 第4.0.1条

一、条文内容

水泥进场使用前,应分批对其强度、安定性进行复验。检验批应以同一生产厂家、同一编号为一批。

当在使用中对水泥质量有怀疑或水泥出厂超过三个月(快硬硅酸盐水泥超过一个月)时,应复查试验,并按其结果使用。

不同品种的水泥,不得混合使用。

二、图示(图3-1)

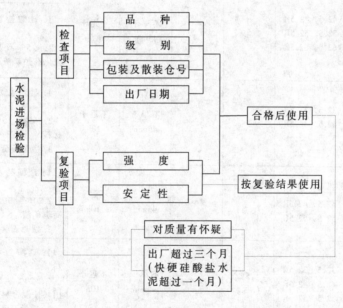

图 3-1

三、说明

1. 水泥编号的规定(表3-1)
2. 检验批的划分(图3-2)

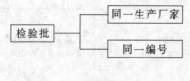

图 3-2

表 3-1

年 生 产 能 力	编 号
120万t以上	不超过1200t为一编号
60～120万t	不超过1000t为一编号
30～60万t	不超过600t为一编号
10～30万t	不超过400t为一编号
10万t以下	不超过200t为一编号

注：每一编号为一取样单位，取样要有代表性，可连续取，也可从20个以上不同部位取等量样品，总量至少12kg。

3．水泥品种及主要技术要求（表3-2）

表 3-2

水泥品种	代号	强度等级	MgO含量	SO₃含量	初凝时间	终凝时间	主要成分	包装印刷
硅酸盐水泥	P·Ⅰ P·Ⅱ	42.5, 42.5R 52.5, 52.5R 62.5, 62.5R	≥5%	≥3.5%	不早于45min	不迟于6.5h	硅酸盐水泥熟料 1. 硅酸盐水泥熟料 2. <5%石灰石或粒化高炉矿渣	红色
普通水泥	P·O	32.5, 32.5R 42.5, 42.5R 52.5, 52.5R	≥5%	≥3.5%	不早于45min	不迟于10h	1. 硅酸盐水泥熟料 2. 6%～15%混合材料 3. 适量石膏	红色
矿渣水泥	P·S	32.5, 32.5R 42.5, 42.5R 52.5, 52.5R	≥5% (6%)	≥4%	不早于45min	不迟于10h	1. 硅酸盐水泥熟料 2. 20%～70%粒化高炉矿渣 3. 适量石膏	绿色
火山灰水泥	P·P	32.5, 32.5R 42.5, 42.5R 52.5, 52.5R	≥5% (6%)	≥3.5%	不早于45min	不迟于10h	1. 硅酸盐水泥熟料 2. 20%～50%火山灰质混合料 3. 适量石膏	黑色
粉煤灰水泥	P·F	32.5, 32.5R 42.5, 42.5R 52.5, 52.5R	≥5% (6%)	≥3.5%	不早于45min	不迟于10h	1. 硅酸盐水泥熟料 2. 20%～40%煤粉灰 3. 适量石膏	黑色
复合水泥	P·C	32.5, 32.5R 42.5, 42.5R 52.5, 52.5R	≥5% (6%)	≥3.5%	不早于45min	不迟于10h	1. 硅酸盐水泥熟料 2. 15%～50%两种或两种以上混合料 3. 适量石膏	黑色

4．水泥各龄期强度指标（表 3-3）

表 3-3

品　种	强度等级	抗　压　强　度		抗　折　强　度	
		3d	28d	3d	28d
硅酸盐水泥	42.5	17.0	42.5	3.5	6.5
	42.5R	22.0	42.5	4.0	6.5
	52.5	23.0	52.5	5.0	7.0
	52.5R	27.0	52.5	5.0	7.0
	62.5	28.0	62.5	5.5	8.0
	62.5R	32.0	62.5	2.5	8.0
普通水泥	32.5	11.0	32.5	3.5	5.5
	32.5R	16.0	32.5	3.5	5.5
	42.5	16.0	42.5	4.0	6.5
	42.5R	21.0	42.5	4.0	6.5
	52.5	22.0	52.5	5.0	7.0
	52.5R	26.0	52.5	5.5	7.0
矿渣水泥 火山灰水泥 粉煤灰水泥	32.5	10.0	32.5	2.5	5.5
	32.5R	15.0	32.5	3.5	5.5
	42.5	15.0	42.5	3.5	6.5
	42.5R	19.0	42.5	4.0	6.5
	52.5	21.0	52.5	4.0	7.0
	52.5R	23.0	52.5	4.5	7.0
复合水泥	32.5	11.0	32.5	2.5	5.5
	32.5R	16.0	32.5	3.5	5.5
	42.5	16.0	42.5	3.5	6.5
	42.5R	21.0	42.5	4.0	6.5
	52.5	22.0	52.5	4.0	7.0
	52.5R	26.0	52.5	5.0	7.0

四、措施

（1）严格按编号进行复验，执行见证取样制度。

（2）水泥进场按不同品种、标号、出厂日期等分别存放避免混料错批，并应保持干燥，防止受潮。

（3）重新进行复验的水泥，按复验后的结果使用。

五、检查要点

（1）检查水泥产品合格证明、出厂检验报告及进场复验报告。

（2）检查现场存放情况。

3.2 第4.0.8条

一、条文内容

凡在砂浆中掺入有机塑化剂、早强剂、缓凝剂、防冻剂等，应经检验和试配符合要求后，方可使用。有机塑化剂应有砌体强度的型式检验报告。

二、图示（图3-3）

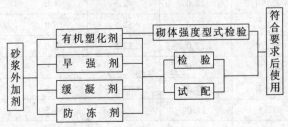

图3-3

三、说明

（1）掺入外加剂的砌筑砂浆应通过试配确定配合比，并检验其强度、稠度、分层度等技术指标，符合设计要求后方可使用。

（2）水泥砂浆掺入微沫剂，要考虑砌体块抗压强度较水泥混合砂浆砌体抗压强度降低10%的不利影响。对其他有机塑化剂，生产厂家尚应有针对砌体强度的检验报告及应用规定的说明。

（3）水泥混合砂浆掺入有机塑化剂，无机掺合料的用量最多可减少一半。

（4）水泥黏土砂浆不得掺入有机塑化剂。

（5）掺用有机塑化剂的砂浆，必须采用机械搅拌，搅拌时间自投料完算起3~5min。

四、措施

（1）加强外加剂的贮存、保管工作。

（2）加强外加剂掺量的计量控制。

五、检查要点

（1）检查砌筑砂浆的检验和试配报告。

（2）检查外加剂的出厂合格证及有机塑化剂砌体强度型式检验报告。

（3）抽查外加剂掺量。

3.3 第5.2.1条

一、条文内容

砖和砂浆的强度等级必须符合设计要求。

二、图示（图3-4）

三、说明

1. 砖的抽样检验（图3-5）

2. 砖的强度等级

（1）烧结普通砖的强度等级（表3-4）：

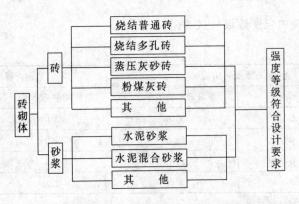

图 3-4

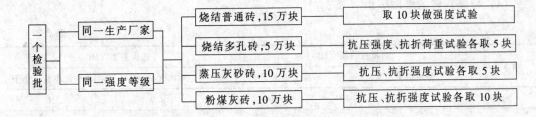

图 3-5

表 3-4

强度等级	抗压强度平均值 $f \geq$（MPa）	变异系数 $\delta \leq 0.21$ 强度标准值（MPa）$f_k \geq$	变异系数 $\delta > 0.21$ 单块最小抗压强度值（MPa）$f_{min} \geq$
MU30	30.0	22.0	25.0
MU25	25.0	18.0	22.0
MU20	20.0	14.0	16.0
MU15	15.0	10.0	12.0
MU10	10.0	6.5	7.5

注：强度试验按 GB/T 2542 规定进行。

（2）烧结多孔砖的强度等级（表 3-5）：

表 3-5

产品等级	强度等级	抗压强度（MPa）		抗折荷重（kN）	
		平均值不小于	单块最小值不小于	平均值不小于	单块最小值不小于
优等品	MU30	30.0	22.0	13.5	9.0
	MU25	25.0	18.0	11.5	7.5
	MU20	20.0	14.0	9.5	6.0
一等品	MU15	15.0	10.0	7.5	4.5
	MU10	10.0	6.0	5.5	3.0
合格品	MU7.5	7.5	4.5	4.5	2.5

注：强度试验按 GB/T 2542 规定进行。

(3) 蒸压灰砂砖的强度等级（表3-6）：

表3-6

强度等级	抗压强度（MPa）		抗折强度（MPa）	
	平均值不小于	单块最小值不小于	平均值不小于	单块最小值不小于
MU25	25.0	20.0	5.0	4.0
MU20	20.0	16.0	4.0	3.2
MU15	15.0	12.0	3.3	2.6
MU10	10.0	8.0	2.5	2.0

注：强度试验按 GB/T 2542 规定进行。

(4) 粉煤灰砖的强度等级（表3-7）：

表3-7

强度等级	抗压强度（MPa）		抗折强度（MPa）	
	平均值不小于	单块最小值不小于	平均值不小于	单块最小值不小于
MU20	20.0	15.0	4.0	3.0
MU15	15.0	11.0	3.2	2.4
MU10	10.0	7.5	2.5	1.9
MU7.5	7.5	5.0	2.0	1.5

注：强度试验按 GB/T 2542 规定进行。

3．砌筑砂浆强度检验（图3-6）

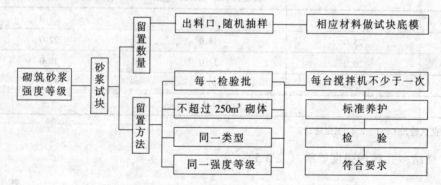

图 3-6

注：同一盘砂浆只能制作一组试块。

4．砌筑砂浆强度评定（图3-7）

四、措施

严格执行见证取样制度。

五、检查要点

(1) 检查砖和砂浆强度检验报告；

(2) 检查砂浆强度评定报告。

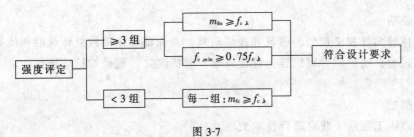

图 3-7

注：m_{fc}——同一验收批砂浆试块抗压强度平均值；

$f_{c,k}$——设计强度等级所对应的立方体抗压强度；

$f_{c,min}$——同一验收批砂浆试块抗压强度的最小 1 组平均值。

3.4 第 5.2.3 条

一、条文内容

砖砌体的转角处和交接处应同时砌筑，严禁无可靠措施的内外墙分砌施工。对不能同时砌筑而又必须留置的临时间断处应砌成斜槎，斜槎水平投影长度不应小于高度的 2/3。

二、图示

1. 砖砌体的砌筑型式（图 3-8）

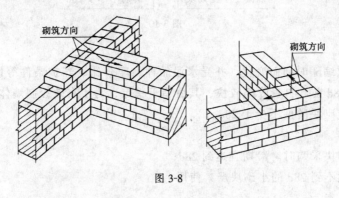

图 3-8

2. 砖砌体斜槎的留置型式（图 3-9）

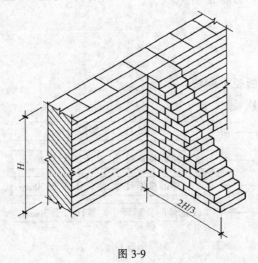

图 3-9

三、说明

砖砌体转角处和交接处的砌筑和接槎质量,是保证砌体结构整体性能和抗震性能的关键之一,试验证明:同时砌筑连接性能最好;斜槎次之;直槎加拉结筋再次之,留直槎最差。

四、措施

(1) 砌体工程施工前应进行技术交底。
(2) 严格落实岗位责任制。

五、检查要点

(1) 检查砌体留槎型式。
(2) 量测斜槎长度。

3.5 第6.1.2条

一、条文内容

施工时所用的小砌块的产品龄期不应小于28d。

二、图示（图3-10）

图 3-10

三、说明

混凝土的收缩随时间而变化,并受水泥品种、配合比、养护条件等影响,龄期越短,收缩越大;在28d前,自身收缩较快,其后趋于稳定;为了有效控制墙体裂缝和保证砌体强度,所以规定砌块龄期不少于28d。

四、措施

(1) 小型砌块采购时。龄期宜达到28d;
(2) 龄期达不到28d的小砌块严禁使用。

五、检查要点

检查小型砌块的出厂合格证明。

3.6 第6.1.7条

一、条文内容

承重墙体严禁使用断裂小砌块。

二、图示（图3-11）

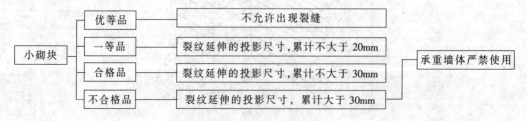

图 3-11

三、说明

断裂砌块是指裂纹比较严重（裂纹较宽、较长）即超过了砌块合格品的标准。断裂小砌块属于废品，对砌体抗压强度将产生不利影响，故必须严禁使用。

四、措施

(1) 在现场按批随机抽样做外观质量检查；

(2) 避免在运输、搬运过程中产生新的裂纹；

(3) 砌筑时随时检查，剔除不合格品。

五、检查要点

检查承重墙体外观质量。

3.7 第6.1.9条

一、条文内容

小砌块应底面朝上反砌于墙上。

二、图示（图3-12）

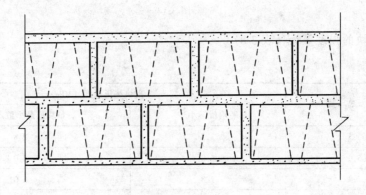

图3-12

三、说明

(1) 由于小型空心砌块生产采用抽芯工艺，芯模有一定斜度，故造成底面肋宽，顶面肋窄。

(2) 底面为铺浆面，顶面为坐浆面的目的是有利于铺设砂浆和保证水平灰缝砂浆的饱满度。

四、措施

(1) 生产厂家宜对小砌块底面或顶面进行标识。

(2) 小砌块施工前应进行技术交底。

五、检查要点

现场随机抽样检查。

3.8 第6.2.1条

一、条文内容

小砌块和砂浆的强度等级必须符合设计要求。

二、图示（图3-13）

图3-13

三、说明

1．小砌块抽样检验（图3-14）

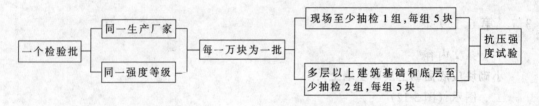

图3-14

2．小砌块的强度等级（表3-8）

表3-8

强 度 等 级	砌块抗压强度（MPa）	
	平均值不小于	单块值最小值不小于
MU3.5	3.5	2.8
MU5.0	5.0	4.0
MU7.5	7.5	6.0
MU10.0	10.0	8.0
MU15.0	15.0	12.0
MU20.0	20.0	16.0

3．砂浆强度的检验、评定同5.2.1条说明第3、4项

四、措施

严格执行见证取样和送检制度。

五、检查要点

（1）检查小砌块和砂浆强度试验报告；

（2）检查砂浆强度评定报告。

3.9 第6.2.3条

一、条文内容

墙体转角处和纵横墙交接处应同时砌筑。临时间断处应砌成斜槎，斜槎水平投影长度不应小于高度的2/3。

二、图示
1. 砌块的砌筑型式（图 3-15）

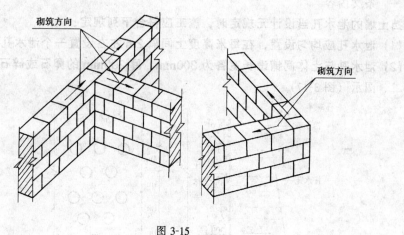

图 3-15

2. 砌块斜槎的留置型式（图 3-16）

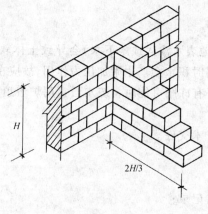

图 3-16

三、说明
小砌块转角处和交接处的砌筑和接槎质量，是保证砌体结构整体性能和抗震性能的关键之一，试验证明：同时砌筑连接性能最好；斜槎次之；直槎加拉结筋再次之；留直槎最差。

四、措施
（1）砌筑小砌块前应作好技术交底；
（2）严格落实岗位责任制。

五、检查要点
（1）检查砌体留槎型式；
（2）量测斜槎长度。

3.10 第7.1.9条

一、条文内容

挡土墙的泄水孔当设计无规定时，施工应符合下列规定：

(1) 泄水孔应均匀设置，在每米高度上间隔2m左右设置一个泄水孔；

(2) 泄水孔与土体间铺设长宽各为300mm、厚200mm的卵石或碎石做疏水层。

二、图示（图3-17）

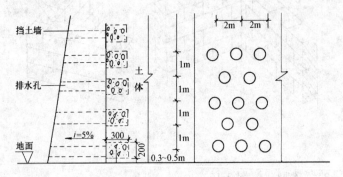

图3-17 疏水层（卵石或碎石）

三、说明

(1) 挡土墙后的积水(地表水渗入或地下水)会导致土体软化，使土对挡土墙墙背的摩擦角减小，倾覆力矩加大，同时积水会产生附加压力作用，故应在挡土墙墙身设置泄水孔。

(2) 在严寒气候条件下有冻胀可能时，疏水层宜用炉渣填充。

四、措施

制定施工方案，进行技术交底。

五、检查要求

(1) 检查施工记录；

(2) 检查隐蔽工程验收记录；

(3) 现场检查实物工程质量。

3.11 第7.2.1条

一、条文内容

石材及砂浆强度等级必须符合设计要求。

二、图示（图3-18）

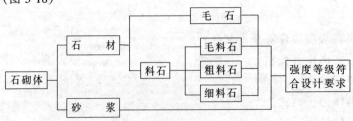

图3-18

三、说明

1. 石材的抽样检验（图 3-19）

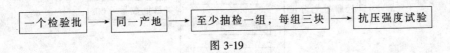

图 3-19

2. 石材强度等级

共分 MU100、MU80、MU60、MU50、MU40、MU30、MU20 七个等级。

3. 石材抗压强度的确定

用 70mm×70mm×70mm 立方体试块，每组 3 块，取其抗压强度的平均值。
如试件采用其他尺寸时，须乘以表 3-9 中强度等级换算系数：

表 3-9

立方体边长（mm）	200	190	100	70	50
系　数	1.43	1.28	1.14	1.00	0.86

4. 砂浆强度的检验、评定同 5.2.1 条说明第 3、4 项

四、措施

严格执行石材和砂浆强度检验的见证取样制度。

五、检查要点

（1）检查石材和砂浆强度试验报告；

（2）检查砂浆强度评定报告。

3.12　第 8.2.1 条

一、条件内容

钢筋的品种、规格和数量应符合设计要求。

二、图示（图 3-20）

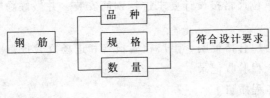

图 3-20

三、说明

1. 钢筋试验检验批的划分和取样数量（图 3-21）

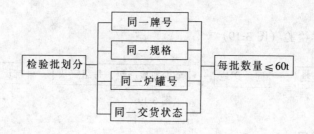

图 3-21

2．力学性能检验（表 3-10）

表 3-10

检验项目	取样数量	取样方法
力学（拉伸）	2 根	任选 2 根切取
弯 曲	2 根	任选 2 根切取

3．钢筋的力学性能指标（表 3-11）

表 3-11

牌 号	公称直径（mm）	屈服点（MPa）	抗拉强度（MPa）	伸长率（%）
		不小于		
HPB235	8~20	235	370	25
HRB335	6~25，28~50	335	490	16
HRB400	6~25，28~50	400	570	14
HRB500	6~25，28~50	500	630	12
RRB400	8~40	400	—	—

4．设计要求是指设计图纸及正式设计变更文件

四、措施

施工、监理等单位严格按设计要求进行钢筋安装，并做好隐蔽工程验收记录。

五、检查要点

(1) 检查产品出厂合格证明、出厂检验报告和进场复验报告。

(2) 检查隐蔽工程验收记录。

(3) 抽查实物工程质量。

3.13 第 8.2.2 条

一、条文内容

构造柱、芯柱、组合砌体构件、配筋砌体剪力墙构件的混凝土或砂浆的强度等级应符合设计要求。

二、图示（图 3-22）

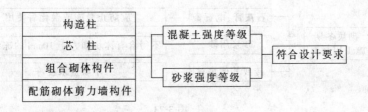

图 3-22

三、说明

(1) 配筋砌体结构是配置钢筋的砌体作为建筑物主要受力构件的结构，是网状配筋砌体柱、水平配筋砌体墙、砖砌块和钢筋混凝土面层或钢筋砂浆面层组合砌体墙（柱）、砖砌体和钢筋混凝土构造柱组合墙以及配筋砌块砌体剪力墙结构的统称。

(2) 配筋砌块砌体剪力墙结构中，在砌块内部空腔中插入竖向钢筋并烧灌混凝土后形成的钢筋混凝土小柱称为芯柱；多层砌体房屋墙体中，在规定部位按构造柱配筋，并按先砌墙后浇灌混凝土柱的施工顺序制成的混凝土柱，通常称为钢筋混凝土构造柱，简称构造柱。

(3) 混凝土强度的评定：

对配筋砌体工程，通常混凝土的用量较小，故宜采用非统计方法，其强度应同时满足下列要求：

$$m_{f_{cu}} \geq 1.15 f_{cu,k} \qquad f_{cu,min} \geq 0.95 f_{cu,k}$$

式中 $m_{f_{cu}}$ ——同一验收批混凝土立方体抗压强度的平均值；

$f_{cu,k}$ ——混凝土立方体抗压强度标准值；

$f_{cu,min}$ ——同一验收批混凝土立方体抗压强度的最小值。

(4) 砂浆强度的检验、评定同 5.2.1 条说明第 3、4 项。

(5) 小砌块砌筑砂浆和小砌块灌孔混凝土其性能应分别符合国家现行标准《混凝土小型空心砌块砌筑砂浆》JC 860 和《混凝土小型空心砌块灌孔混凝土》JC 861 的要求。

四、措施

严格执行见证取样制度。

五、检查要点

(1) 检查混凝土、砂浆施工记录。

(2) 检查混凝土、砂浆试件强度试验报告。

3.14 第 10.0.4 条

一、条文内容

冬期施工所用材料应符合下列规定：

(1) 石灰膏、电石膏等应防止受冻，如遭冻结，应经融化后使用；

(2) 拌制砂浆用砂，不得含有冰块和大于 10mm 的冻结块；

(3) 砌体用砖或其他块材不得遭水浸冻。

二、图示（图 3-23）

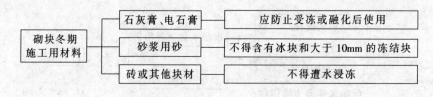

图 3-23

三、说明

当室外平均气温连续 5d 稳定低于 5℃时，砌体工程进入冬期施工。

四、措施

(1) 冬期施工前应制定冬期施工方案。

(2) 冬期施工中，严格执行施工方案。

(3) 石灰膏、电石膏、砂浆用砂等材料应做好防冻、保温措施。

(4) 砖及其他块材冬期施工严禁浇水、浸泡。

五、检查要点

(1) 检查冬期施工方案的落实情况。

(2) 检查冬期施工记录。

4.《混凝土结构工程施工质量验收规范》GB 50204—2002

4.1 第4.1.1条

一、条文内容

模板及其支架应根据工程结构形式、荷载大小、地基土类别、施工设备和材料供应等条件进行设计。模板及其支架应具有足够的承载能力、刚度和稳定性，能可靠地承受浇筑混凝土的重量、侧压力以及施工荷载。

二、图示

1．模板设计的依据（图4-1）

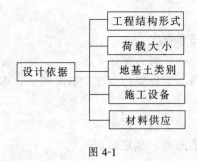

图4-1

2．模板设计的技术要求（图4-2）

图4-2

三、说明

1．模板及其支架设计的内容（图4-3）

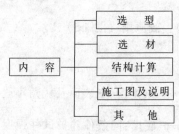

图4-3

2. 模板引起的质量和安全事故主要原因

(1) 模板及其支撑系统强度不足，引起模板变形过大、下沉、失稳；

(2) 拆模时间过早，引起结构裂缝和过大变形，甚至断裂；

(3) 拆模顺序不合理，没有安全措施，引起塌坠安全事故，并致使楼面超载冲击破坏楼板；

(4) 拆模后未考虑结构受力体系的变化，未加设临时支撑，引起结构裂缝、变形。

3. 模板及其支架设计应考虑的荷载

(1) 模板及其支架自重；

(2) 新浇混凝土自重；

(3) 钢筋自重；

(4) 施工人员及施工设备荷载；

(5) 振捣混凝土时产生的荷载；

(6) 新浇筑混凝土时模板侧面的压力；

(7) 倾倒混凝土时产生的冲击荷载；

(8) 风、雪等气候因素产生的荷载。

四、措施

(1) 工程施工前应进行技术交底。

(2) 所选用的材料质量合格并符合设计要求。

(3) 模板及其支架安装中必须设置防倾覆的临时固定设施。

五、检查要点

(1) 检查模板设计文件及施工技术方案落实情况。

(2) 检查模板及其支架的刚度、稳定性。

4.2 第4.1.3条

一、条文内容

模板及其支架拆除的顺序及安全措施应按施工技术方案执行。

二、图示（图4-4）

图 4-4

三、说明

1. 模板拆除顺序应遵循的一般原则（图4-5）

2. 主要安全措施

(1) 拆模时间：

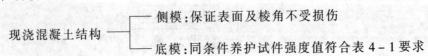

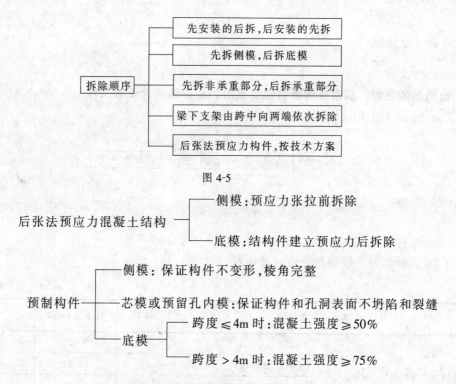

图 4-5

底模拆除时的混凝土强度要求　　　　　表 4-1

构件类型	构件跨度（m）	达到设计的混凝土立方体抗压强度标准值的百分率（%）
板	≤2	≥50
	>2，≤8	≥75
	>8	≥100
梁、拱、壳	≤8	≥75
	>8	≥100
悬臂构件		≥100

（2）模板拆除时不应对楼层形成冲击荷载：
①严禁向下扔模板，或使模板由高处自行坠落。
②拆除现浇楼板底模时，下面要支垫模板，不可直接冲砸混凝土楼面。
（3）楼层上模板和支架应分散堆放，并及时清运。
（4）拆模避免上下交叉作业，确保操作安全。
（5）已拆除模板的结构，特殊情况时，应加设临时支撑。
（6）后浇带模板拆除方案应考虑结构受力状态，保证结构的安全和质量。
四、措施
模板拆除前应制定施工技术方案并进行技术交底。
五、检查要点
（1）检查模板拆除施工技术方案。
（2）检查同条件养护试件试压报告。

4.3 第5.1.1条

一、条文内容

当钢筋的品种、级别或规格需做变更时,应办理设计变更文件。

二、图示(图4-6)

图4-6

三、说明

1. 钢筋的品种、级别和规格(表4-2)

表4-2

种 类		符号	规格 d (mm)	f_{ky}
普通钢筋	HRB335(Q235)	Φ	8~20	235
	HRB335(20MnSi)	$\underline{\Phi}$	6~50	335
热轧钢筋	HRB400(20MnSiV、20MnSiNb、20MnTi)	Φ	6~50	400
	RRB400(K20MnSi)	Φ^R	8~40	400

2. 钢筋代换原则

(1) 不同种类钢筋代换,应按钢筋受拉承载力设计值相等的原则进行;

(2) 当构件受抗裂、裂缝宽度或挠度控制时,钢筋代换后应进行抗裂、裂缝宽度或挠度验算;

(3) 钢筋代换后,应满足混凝土结构设计规范中所规定的钢筋间距、锚固长度、最小钢筋直径、根数等要求;

(4) 对重要受力构件,不宜用Ⅰ级光面钢筋代换带肋钢筋;

(5) 梁的纵向受力钢筋与弯起钢筋应分别进行代换;

(6) 对有抗震要求的框架,不宜以强度等级较高的钢筋代替原设计中的钢筋,当必须代替时,其代换的钢筋检验所得的实际强度,尚应符合本规范5.2.2条要求;

(7) 预制构件的吊环,必须采用未经冷拉的Ⅰ级热轧钢筋制作,严禁以其他钢筋代换。

四、措施

钢筋变更应按设计单位出示的变更文件执行。

五、检查要点

检查设计变更文件及落实情况。

4.4 第5.2.1条

一、条文内容

钢筋进场时,应按规定国家标准《钢筋混凝土用热轧带肋钢筋》GB 1499 等的规定抽取试件做力学性能检验，其质量必须符合有关标准的规定。

检查数量：按进场的批次和产品的抽样检验方案确定。

检验方法：检查产品合格证、出厂检验报告和进场复检报告。

二、图示（图 4-7）

图 4-7

三、说明

1．检验批的划分（图 4-8）

图 4-8

注：①当一次进场的数量大于该产品的出厂检验批量时，应划分为若干个出厂检验批量，然后按出厂检验的抽样方案执行；

②当一次进场的数量小于或等于该产品的出厂检验批量时，应作为一个检验批量；

③对连续进场的同批钢筋，当有可靠依据时，可按一次进场的钢筋处理。

2．力学性能检验（表 4-3）

表 4-3

检 验 项 目	取 样 数 量	取 样 方 法
力学（拉伸）	2根	任选2根切取
弯曲	2根	任选2根切取

3．力学性能指标（表 4-4）

表 4-4

牌 号	公称直径（mm）	屈服点（MPa）	抗拉强度（MPa）	伸长率（%）
		不 小 于		
HPB235	8～20	235	370	25
HRB335	6～25，28～50	335	490	16
HRB400	6～25，28～50	400	570	14
HRB500	6～25，28～50	500	630	12
RRB400	8～40	400	—	—

4. 当钢筋脆断、焊接性能不良或力学性能显著不正常时，应对该批钢筋进行化学成分检验或其他专项检验（碳、锰、硅、磷、硫）。

5. 钢筋外观质量要求：钢筋应平直、无损伤，表面不得有裂纹、油污、颗粒状或片状老锈。

四、措施

(1) 进场复验执行抽样检验方案及见证取样制度。

(2) 钢筋按其品种、级别和规格分别堆放。

五、检查要点

(1) 根据产品合格证、出厂检验报告检查进场钢筋的品种、级别和规格。

(2) 检查钢筋进场复验报告。

4.5 第5.2.2条

一、条文内容

对有抗震设防要求的框架结构，其纵向受力钢筋的强度应满足设计要求，当设计无具体要求时，对一、二级抗震等级，检验所得的强度实测值应符合下列规定：

(1) 钢筋的抗拉强度实测值与屈服强度实测值的比值不应小于1.25；

(2) 钢筋的屈服强度实测值与强度标准值的比值不应大于1.3。

检验数量：按进场的批次和产品的抽样检验方案确定。

检验方法：检查进场复验报告。

二、图示

$$f_y/f_y^o \geq 1.25 \quad f_y^o/f_{yk} \leq 1.3$$

式中 f_y——纵向受力钢筋的抗拉强度实测值；

f_y^o——纵向受力钢筋的屈服强度实测值；

f_{yk}——纵向受力钢筋的抗拉强度标准值。

三、说明（表4-5）

现浇钢筋混凝土结构的抗震等级　　　表4-5

结构类型		烈　　度					
		6		7		8	9
框架结构	高度(m)	≤30	>30	≤30	>30	≤30	>30	≤25
	框架	四	三	三	二	二	一	一

四、措施

对纵向受力钢筋的抗拉强度实测值、屈服强度实测值、强度标准值的比值进行复核。

五、检查要点

根据设计要求检查进场钢筋复验报告。

4.6 第5.5.1条

一、条文内容

钢筋安装时，受力钢筋的品种、级别、规格和数量必须符合设计要求。
检查数量：全数检查。
检验方法：观察，钢尺检查。

二、图示（图4-9）

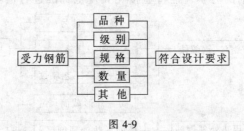

图4-9

三、说明

设计要求是指由施工图审查部门（机构）审查通过的设计图纸及正式的设计变更文件（重大设计变更也应经审查）。

四、措施

施工、监理等单位严格按设计要求进行钢筋安装，做好隐蔽工程验收工作。

五、检查要点

(1) 检查产品出厂合格证、出厂检验报告和进场复验报告。
(2) 检查隐蔽工程验收记录。
(3) 抽查钢筋安装实物工程质量。
(4) 核查施工单位报验收监理单位核验等有关手续。

4.7 第6.2.1条

一、条文内容

预应力筋进场时，应按现行国家标准《预应力混凝土用钢绞线》GB/T 5224等的规定抽取试件做力学性能检验，其质量必须符合有关标准的规定。
检查数量：按进场的批次和产品的抽样检验方案确定。
检验方法：检查产品合格证、出厂检验报告和进场复验报告。

二、图示（图4-10）

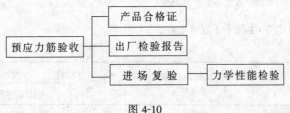

图4-10

三、说明

1. 检验批的划分（图4-11）
2. 力学性能检验

(1) 预应力钢丝：在每盘钢丝的两端取样进行抗拉强度、弯曲和伸长率试验；
(2) 预应力钢绞线：从每盘所选的钢绞线端部正常部位截取1根试件进行力学性能试

验（最大负荷、伸长率屈服、松弛）；

（3）热处理钢筋：从每批中取10％盘数（不少于25盘）做力学性能试验（屈服强度、抗拉强度、伸长率）；

（4）其他预应力钢筋的力学性能检验按相关规范标准进行检验。

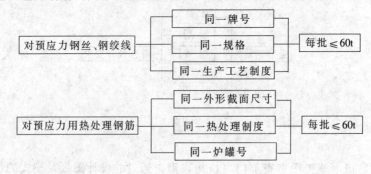

图 4-11

3．预应力筋的力学性能指标

（1）消除应力钢筋的力学性能（表4-6）：

表 4-6

公称直径 (mm)	抗拉强度 不小于（MPa）	规定非比例 伸长应力 不小于（MPa）	伸长率 不小于 （%）	弯曲次数		松弛		
				次数/180° 不小于	弯曲半径 (mm)	初始应力相当 于公称抗拉强度 手工艺百分数 （%）	1000h 应力损失不大于（%）	
							Ⅰ级松弛	Ⅱ级松弛
4.00	1470	1250		3	10			
	1570	1330						
5.00	1670	1410			15	60	4.5	1.0
	1770	1500				70		
6.00	1570	1330	4	4				
	1670	1420						
7.00					20			
8.00	1470	1350						
	1570	1530				80	12	4.5
9.00					25			

注：屈服强度值不小于公称抗拉强度手工艺的85%。

（2）冷拉钢丝的力学性能：（表4-7）

表 4-7

公称直径 (mm)	抗拉强度不小于 （MPa）	规定非比例伸长应力 不小于（MPa）	伸长率（%） 不小于	弯 曲 次 数	
				次数/180°不小于	弯曲半径（mm）
3.00	1470	1100	2	4	7.5
	1570	1180			
4.00	1670	1250			10
5.00	1470	1100	3	5	15
	1570	1180			
	1670	1250			

注：规定非比例伸长率应力值不小于公称抗拉强度的75%。

(3) 刻痕钢丝的力学性能（表 4-8）

表 4-8

公称直径（mm）	抗拉强度不小于（MPa）	规定非比例伸长应力不小于（MPa）	伸长率不小于（%）	弯曲次数		松弛		
				次数/180°不小于	弯曲半径（mm）	初始应力相当于公称抗拉强度的百分数（%）	1000h 应力损失不大于Ⅰ级松弛	
							Ⅰ级	Ⅱ级
≤5.00	1470 1570	1250 1340	4	3	15	70	8	2.5
>5.00	1470 1570	1250 1340			20			

注：规定非比例伸长率应力值不小于公称抗拉强度的 85%。

(4) 钢绞线力学性能（表 4-9）

表 4-9

钢绞线结构	公称直径（mm）	强度级别（MPa）	整根钢绞线的最大负荷 kN	屈服荷载 kN	伸长率（%）	1000h 松弛率不大于（%）			
						Ⅰ级松弛		Ⅱ级松弛	
						初始负荷			
			不小于			70%公称最大负荷	80%公称最大负荷	70%公称最大负荷	80%公称最大负荷
1×2	10.00	1720	67.9	57.7	3.5	8.0	12	2.5	4.5
	12.00		97.9	83.2					
1×3	10.80		102	86.7					
	12.90		147	125					
1×7 标准型	9.50	1860	102	86.6					
	11.10	1860	138	117					
	12.70	1860	184	156					
	15.20	1720	239	203					
		1860	259	220					
1×7 模板型	12.70	1860	209	178					
	15.20	1820	300	255					

注：1. Ⅰ级松弛即普通松弛，Ⅱ级松弛即低松弛级，它们分别适用所有钢绞线；
 2. 屈服负荷不小于整根钢绞线公称最大负荷的 85%。

(5) 预应力用热处理钢筋力学性能（表 4-10）

四、措施

(1) 进场复验执行抽样检验方案及见证取样制度。

(2) 进场钢筋按其品种、级别和规格分别堆放。

五、检查要点

(1) 根据产品合格证、出厂检验报告检查进场钢筋的品种、级别和规格。

(2) 检查进场复验报告。

表 4-10

公称直径（mm）	牌　号	屈服强度（MPa）	抗拉强度（MPa）	伸长率（%）
		不小于		
6	40Si$_2$Mn			
8.2	48Si$_2$Mn	1325	1470	6
10	45Si$_2$Cr			

4.8 第6.3.1条

一、条文内容

预应力筋安装时，其品种、级别、规格、数量必须符合设计要求。

检查数量：全数检查；

检验方法：观察，钢尺检查。

二、图示（图 4-12）

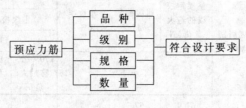

图 4-12

三、说明

设计要求是指由施工图审查部门（机构）审查通过的设计图纸及正式的设计变更文件（重大变更也应经审查）。

四、措施

施工、监理等单位严格按设计要求进行钢筋安装，做好隐蔽工程验收工作。

五、检查要点

（1）检查产品出厂合格证、出厂检验报告和进场复验报告。

（2）检查隐蔽工程验收记录。

（3）抽查钢筋安装实物质量。

4.9 第6.4.4条

一、条文内容

张拉过程中应避免预应力筋断裂或滑脱，当发生断裂或滑脱时，必须符合下列规定；

（1）对后张法预应力结构构件，断裂或滑脱的数量严禁超过同一截面预应力筋总根总数的3%，且每束钢丝不得超过一根；对多跨双向连续板，其同一截面应按每跨计算；

（2）对先张法预应力构件，在浇筑混凝土前发生断裂或滑脱的预应力筋必须予以更换。

检查数量：全数检查。

检验方法：观察，检查张拉记录。

二、图示（图4-13）

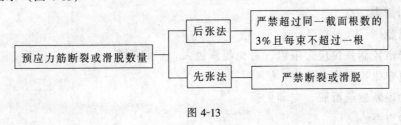

图 4-13

三、说明

1．预应力筋张拉控制应力限值 σ_{con}（表4-11）

表 4-11

钢 筋 种 类	张 拉 方 法	
	先 张 法	后 张 法
消除应力钢丝、钢绞线	$0.75f_{ptk}$	$0.75f_{ptk}$
热处理钢筋	$0.70f_{ptk}$	$0.65f_{ptk}$

注：①f_{ptk}为预应力筋抗拉强度设计值；

②σ_{con}不宜超过上表限值，且不应小于$0.4f_{ptk}$；

③下列情况时，上表值可提高$0.05f_{ptk}$；

a．要求提高构件在施工阶段的抗裂性能，应在使用阶段受压区内设置的预应力钢筋；

b．要求部分抵消由于应力松弛、摩擦，钢筋分批张拉以及预应力钢筋与张拉台座之间的温差等因素产生的预应力损失。

2．工艺应能保证同一束中各根预应力的均匀一致

3．后张法中，当预应力筋是逐根或逐束张拉时，应保证各阶段不出现对结构不利的应力状态，同时宜考虑后批张拉预应力筋所产生的结构构件的弹性压缩对先张批拉预应力筋的影响。

4．张拉程序：预应力张拉方法有超张拉法和一次张拉法两种，当采用超张拉法时：

(1) $0 \sim 1.05\sigma_{con}$（持荷）——σ_{con}

(2) $0 \sim 1.03\sigma_{con}$

5．张拉顺序

(1) 对先张法：

可同时张拉多根预应力筋，当单根张拉钢筋（丝）时，应对称进行，并考虑下批张拉所造成的应力损失。

(2) 对后张法：

分批、分阶段、对称张拉，避免构件受过大的偏心压力，对跨度大于24m或曲线预应力筋在两端张拉。

6．先张法放张顺序

(1) 对轴心受压构件（压杆、桩等）——所有预应力筋同时放张；

(2) 对偏心受压构件——先同时放张压力较小区域的预应力筋，再同时放张压力较大区域的预应力筋；

(3) 不能按上述规定放张时，应分阶段、对称、相互交错地放张，防止构件发生弯曲、裂缝和断裂。

四、措施

(1) 严格控制张拉应力限值，避免超张过大，引起断裂。

(2) 遵守张拉程序和顺序。

(3) 发现断裂或滑脱，立即更换。

五、检查要点

检查预应力筋张拉记录。

4.10 第7.2.1条

一、条文内容

水泥进场时应对其品种、级别、包装或散装仓号、出厂日期等进行检查，并应对其强度、安定性及其他必要的性能指标进行复验，其质量必须符合现行国家标准《硅酸盐水泥、普通硅酸盐水泥》GB 175 等的规定。

当在使用中对水泥质量有怀疑或水泥出厂超过三个月（快硬硅酸盐水泥超过一个月）时，应进行复验，并按复验结果使用。

钢筋混凝土结构、预应力混凝土结构中，严禁使用含氯化物的水泥。

检查数量：按同一生产厂家、同一等级、同一品种、同一批号且连续进场的水泥，袋装不超过200t为一批，散装不超过500t为一批，每批抽样不少于一次。

检查方法：检查产品合格证、出厂检验报告和进场复验报告。

二、图示（图4-14）

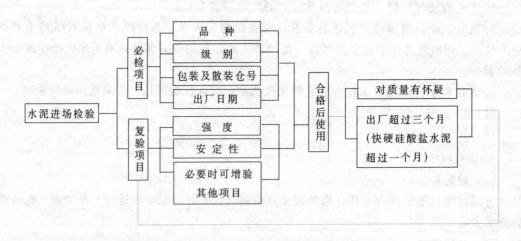

图 4-14

三、说明

1. 检验批的划分（图4-15）

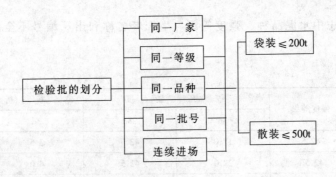

图 4-15

注：每批抽样不少于一次。

2. 水泥品种及主要技术要求（表 4-12）

表 4-12

水泥品种	代号	强度等级	MgO 含量	SO₃ 含量	初凝时间	终凝时间	主要成分	包装印刷
硅酸盐水泥	P·Ⅰ P·Ⅱ	42.5, 42.5R 52.5, 52.5R 62.5, 62.5R	≯5%	≯3.5%	不早于 45min	不迟于 6.5h	硅酸盐水泥熟料 1. 硅酸盐水泥熟料 2. <5% 石灰石或粒化高炉矿渣	红色
普通水泥	P·O	32.5, 32.5R 42.5, 42.5R 52.5, 52.5R	≯5%	≯3.5%	不早于 45min	不迟于 10h	1. 硅酸盐水泥熟料 2. 6%～15%混合材料 3. 适量石膏	红色
矿渣水泥	P·S	32.5, 32.5R 42.5, 42.5R 52.5, 52.5R	≯5%	≯3.5%	不早于 45min	不迟于 10h	1. 硅酸盐水泥熟料 2. 20%～70%粒化高炉矿渣 3. 适量石膏	绿色
火山灰水泥	P·P	32.5, 32.5R 42.5, 42.5R 52.5, 52.5R	≯5%	≯3.5%	不早于 45min	不迟于 10h	1. 硅酸盐水泥熟料 2. 20%～50%火山灰质混合料 3. 适量石膏	黑色
粉煤灰水泥	P·F	32.5, 32.5R 42.5, 42.5R 52.5, 52.5R	≯5%	≯3.5%	不早于 45min	不迟于 10h	1. 硅酸盐水泥熟料 2. 20%～40%煤粉灰 3. 适量石膏	黑色
复合水泥	P·C	32.5, 32.5R 42.5, 42.5R 52.5, 52.5R	≯5%	≯3.5%	不早于 45min	不迟于 10h	1. 硅酸盐水泥熟料 2. 15%～50%两种或两种上混合料 3. 适量石膏	黑色

3. 水泥各龄期强度指标（表 4-13）

4. 凡 MgO、SO₃ 初凝时间、安定性中任一项不合格，均为废品

凡细度、终凝时间、不溶物和烧失量中任何一项不合格，或混合材料掺量超过最大限量和强度低于产品强度等级的指标时为不合格产品。

水泥包装标志中水泥品种、强度等级、生产者名称和出厂编号不全的也属于不合格品。

表 4-13

品　种	强度等级	抗　压　强　度		抗　折　强　度	
		3d	28d	3d	28d
硅酸盐水泥	42.5	17.0	42.5	3.5	6.5
	42.5R	22.0	42.5	4.0	6.5
	52.5	23.0	52.5	5.0	7.0
	52.5R	27.0	52.5	5.0	7.0
	62.5	28.0	62.5	5.5	8.0
	62.5R	32.0	62.5	2.5	8.0
普通水泥	32.5	11.0	32.5	3.5	5.5
	32.5R	16.0	32.5	3.5	5.5
	42.5	16.0	42.5	4.0	6.5
	42.5R	21.0	42.5	4.0	6.5
	52.5	22.0	52.5	5.0	7.0
	52.5R	26.0	52.5	5.5	7.0
矿渣水泥 火山灰水泥 粉煤灰水泥	32.5	10.0	32.5	2.5	5.5
	32.5R	15.0	32.5	3.5	5.5
	42.5	15.0	42.5	3.5	6.5
	42.5R	19.0	42.5	4.0	6.5
	52.5	21.0	52.5	4.0	7.0
	52.5R	23.0	52.5	4.5	7.0
复合水泥	32.5	11.0	32.5	2.5	5.5
	32.5R	16.0	32.5	3.5	5.5
	42.5	16.0	42.5	3.5	6.5
	42.5R	21.0	42.5	4.0	6.5
	52.5	22.0	52.5	4.0	7.0
	52.5R	26.0	52.5	5.0	7.0

5．水泥中的氯化物，可能引起混凝土结构中钢筋的锈蚀，所以必须严禁使用

四、措施

（1）水泥进场应根据其品种、级别、出厂日期等分别存放，以免造成混料错批，同时应避免受潮。

（2）水泥出厂超过规定时间必须重新进行复验，并按复验后的结果使用。

（3）进场检验应执行抽样检验方案及见证取样制度。

五、检查要点

（1）检查水泥产品合格证、出厂检验报告及进场复验报告。

(2)检查现场存放情况。

4.11 第7.2.2条

一、条文内容

混凝土中掺用外加剂的质量及应用技术应符合现行国家标准《混凝土外加剂》GB 8076、《混凝土外加剂应用技术规范》GB 50119等和有关环境保护的规定。

预应力混凝土结构中,严禁使用含氯化物的外加剂。钢筋混凝土结构中,当使用含氯化物的外加剂时,混凝土中氯化物的总含量应符合现行国家标准《混凝土质量控制标准》GB 50164的规定。

检查数量:按进场的批次和产品的抽样检验方案确定。

检验方法:检查产品合格证、出厂检查报告和进场复验报告。

二、图示(图4-16)

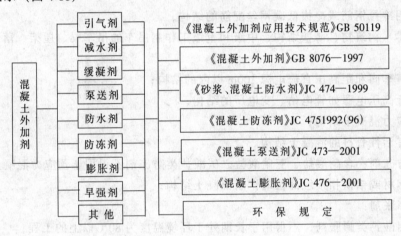

图4-16

三、说明

1.掺用外加剂的依据

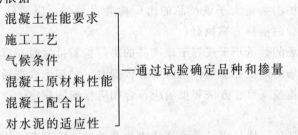

2.GB 50164—92《混凝土质量控制标准》中对混凝土氯化物总含量的规定以氯离子质量计

(1)对处于干燥环境或有防潮措施的钢筋混凝土,不得超过水泥重量的1%;

(2)对处在潮湿而不含氯离子环境中的钢筋混凝土,不得超过水泥重量的0.3%;

(3)对在潮湿并含有氯离子环境中的钢筋混凝土,不得超过水泥重量的0.1%;

(4)处于易腐蚀环境中的钢筋混凝土,不得超过水泥重量的0.06%。

3. 外加剂的使用范围

(1) 普通减水剂宜用于日最低气温5℃以上施工的混凝土，不宜单独用于蒸养混凝土；

(2) 引气剂不宜用于蒸养混凝土及预应力混凝土；

(3) 缓凝剂及缓凝减水剂，不宜用于日最低气温5℃以下施工的混凝土，也不宜单独用于有早强要求的混凝土和蒸养混凝土；

(4) 在下列钢筋混凝土结构中，不得采用氯盐、含氯盐的早强剂和早强减水剂：

①相对湿度大于80%环境中使用的结构，处于水位升降部位的结构，露天结构或经常受水淋的结构；

②镀锌钢材或铝铁相接触部位的结构，以及有外露预埋件而无防护措施的结构；

③含有酸、碱或硫酸等侵蚀介质相接触的结构；

④经常处于环境温度为60℃以上的结构；

⑤使用冷拉钢筋或冷拔低碳钢丝配筋的结构；

⑥给排水构筑物、薄壁结构、中级和重级工作制吊车的吊车梁、屋架、落锤或锻锤基础等结构；

⑦电解车间和距高压直流电源100m以内的结构；

⑧靠近高压电源如管电站、变电所的结构；

⑨预应力混凝土结构；

⑩含有活性骨料的混凝土结构。

(5) 防冻剂：含硝酸盐、亚硝酸盐、碳酸盐类防冻剂不得用于预应力混凝土结构，以及与镀锌钢材或铝铁相接触部位的钢筋混凝土结构；

(6) 膨胀剂：

掺硫铝酸钙类膨胀剂，不得用于长期处于环境温度为80℃以上的工程；

掺铁屑膨胀剂不得用于有杂散电流的工程与铝镁材料接触的部位。

(7) 预应力混凝土结构中，严禁使用含氯化物的外加剂。

4. 外加剂进场检验原则

(1) 当一次进场的数量大于该产品的出厂检验批量时，应划分为若干个出厂检验批量，然后按出厂检验的抽样方案执行；

(2) 当一次进场的数量小于或等于该产品的出厂检验批量时，应作为一个检验批量；

(3) 对连续进场的同批外加剂，当有可靠依据时，可按一次进场的外加剂处理；

(4) 外加剂的检验项目、方法和批量应符合相应标准的规定。

四、措施

(1) 外加剂的品种、掺量应经技术经济比较并通过试验确定。

(2) 进场复验执行抽样检验方案及见证取样制度。

(3) 加强外加剂的贮存、保管工作。

(4) 加强外加剂掺量的计量控制。

五、检查要点

(1) 检查外加剂产品出厂合格证、出厂检验报告和进场复验报告。

(2) 检查混凝土配合比。

4.12 第7.4.1条

一、条文内容

结构混凝土的强度等级必须符合设计要求。用于检查结构构件混凝土强度的试件,应在混凝土的浇筑地点随机抽取。取样与试件留置应符合下列规定:

(1) 每拌制100盘且不超过100m³ 的同配合比的混凝土,取样不得少于一次;

(2) 每工作班拌制的同一配合比的混凝土不足100盘时,取样不得少于一次;

(3) 当一次连续浇筑超过1000m³ 时,同一配合比的混凝土每200m³ 取样不得少于一次;

(4) 每一楼层,同一配合比的混凝土,取样不得少于一次;

(5) 每次取样应至少留置一组标准养护试件,同条件养护试件的留置组数应根据实际需要确定。

检验方法:检查施工记录及试件强度试验报告。

二、图示(图4-17)

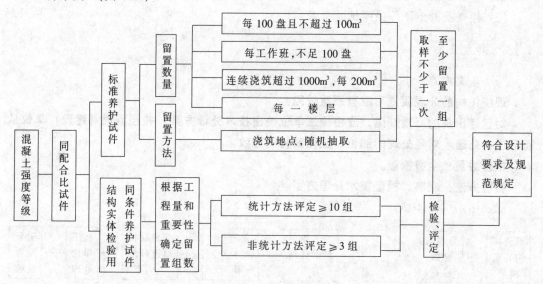

图 4-17

三、说明

1. 取样方法

每组三个试件应在同一盘混凝土中制作;每盘混凝土只能制作一组试件。

2. 试件的尺寸(表4-14)

混凝土试件尺寸及强度的尺寸换算系数　　　　表4-14

骨料最大粒径(mm)	试件尺寸(mm)	强度的尺寸换算系数
≤31.5	100×100×100	0.95
≤40	150×150×150	1.00
≤63	200×200×200	1.00

3. 同条件养护试件

根据结构实体检验、拆模、出厂、出池、吊装、张拉、张放等实际情况确定，并应符合下列要求：

(1) 同条件养护试件所对应的结构构件或结构部位，应由监理（建设）、施工等各方共同选定；

(2) 对混凝土结构工程中的各混凝土强度等级，均应留置同条件养护试件；

(3) 同一强度等级同条件养护试件，其留置的数量应根据混凝土工程量和重要性确定，不宜少于10组，且不应少于3组；

(4) 同条件养护试件拆模后，放置在靠近相应结构构件或结构部位的适当位置，并应采取相同的养护方法。

四、措施

严格执行见证取样与送检制度。

五、检查要点

(1) 检查混凝土施工记录。

(2) 检查混凝土试件强度试验报告。

4.13 第8.2.1条

一、条文内容

现浇结构的外观质量不应有严重缺陷。

对已经出现的严重缺陷，应由施工单位提出技术处理方案，并经监理（建设）单位认可后进行处理。对经处理的部位，应重新检查验收。

检查数量：全数检查。

检验方法：观察，检查技术处理方案。

二、图示（图4-18）

图4-18

三、说明

1. 现浇结构外观质量缺陷（表4-15）

2. 现浇结构外观质量缺陷常用技术处理方案（表4-16）

四、措施

(1) 现浇结构模板拆除后，认真检查外观质量缺陷，并做好记录。

(2) 施工单位对缺陷处理，必须有书面技术处理方案。

(3) 缺陷修补后，应重新检查验收，记录在案。

五、检查要点

(1) 检查技术处理方案。

(2) 检查现场处理情况。

表 4-15

名　称	现　象	严　重　缺　陷	一　般　缺　陷
露　筋	构件内钢筋未被混凝土包裹而外露	纵向受力钢筋有露筋	其他钢筋有少量露筋
蜂　窝	混凝土表面缺少水泥砂浆而形成石子外露	构件主要受力部位有蜂窝	其他部位有少量蜂窝
孔　洞	混凝土中孔穴深度和长度均超过保护层厚度	构件主要受力部位有孔洞	其他部位有少量孔洞
夹　渣	混凝土中夹有杂物且深度超过保护层厚度	构件主要受力部位有夹渣	其他部位有少量夹渣
疏　松	混凝土中局部不密实	构件主要受力部位有疏松	其他部位有少量疏松
裂　缝	缝隙从混凝土表面延伸至混凝土内部	构件主要受力部位有影响结构性能或使用功能的裂缝	其他部位有少量不影响结构性能或使用功能的裂缝
连接部位缺陷	构件连接处混凝土缺陷及连接钢筋、连接件松动	连接部位有影响结构传力性能的缺陷	连接部位有基本不影响结构传力性能的缺陷
外形缺陷	缺棱掉角、棱角不直、翘曲不平、飞边凸肋等	清水混凝土构件有影响使用功能或装饰效果的外形缺陷	其他混凝土构件有不影响使用功能的外形缺陷
外表缺陷	构件表面麻油、掉皮、起砂、沾污等	具有重要装饰效果的清水混凝土构件有外表缺陷	其他混凝土构件有不影响使用功能的外表缺陷

表 4-16

名　称	常　用　技　术　处　理　方　案
露　筋	将外露钢筋上的混凝土残渣和铁锈清刷干净，用水冲洗，充分湿润，用1:2水泥砂浆抹压平整；若露筋较深，则将薄弱处混凝土凿除，用比结构高一级的细石混凝土浇筑、捣实、并养护好
蜂　窝	对表面的小蜂窝，用1:2水泥砂浆修补； 对深度较大的蜂窝，凿除疏松混凝土，尽量剔成斜形喇叭状，支模后用水冲洗干净，充分湿润用比结构高一级的细石混凝土浇筑、养护
孔　洞	根据受力部位及孔洞大小，深浅等严重程度，制定补强方案，并对结构采取支撑等安全措施。 凿除孔洞边缘疏松混凝土，凿成斜形，避免死角，支撑模板，用水冲洗，充分湿润，用比原结构高一级的细石混凝土浇筑（内掺适量膨胀剂），仔细振捣，养护
夹　渣	凿除夹层中的杂物和夹渣，用水冲洗，充分湿润，捻塞或灌注比原结构高一级的细石混凝土，捣实并养护。 注意根据构件受力情况，处理前必须对结构支撑加固后方可处理
疏　松	根据结构受力情况和部位，必要时先对构件进行支撑或加固； 凿除混凝土中疏松部分，冲洗干净，充分湿润，在边缘刷界面剂，用比结构高一级的细石混凝土浇筑，振捣密实（内掺适量膨胀剂）认真养护
裂　缝	应根据裂缝性质、大小、结构受力危害情况等不同情况进行处理，常用处理方法有： ①表面修补法（如涂抹水泥砂浆，涂环氧树脂胶泥，表面凿槽嵌补等）； ②内部处理法（如水泥灌浆，化学灌浆等）； ③结构加固法
连接部位缺陷	对混凝土接茬不顺，可适当剔凿平整，用1:2水泥砂浆抹平； 对连接钢筋、预埋件等松动，进行补焊、加固，应根据现场具体情况进行处理
外形缺陷	对轻微的缺棱掉角等，用钢丝刷将缺陷部位刷干净，清水冲洗，充分湿润，刷界面剂，1:2水泥砂浆抹补整齐并认真养护 对较大的缺棱掉角，清刷干净后，应支模板，用高一级的细石混凝土灌注并养护好
外表缺陷	对表面麻面、起砂、掉角等，用钢丝刷刷净疏松处，清水冲洗疏松处，充分湿润，用1:2水泥砂浆或水泥素浆抹平，压实，并养护好 对油污或其他污垢，应清洗刷净

4.14 第8.3.1条

一、条文内容

现浇结构不应有影响结构性能和使用功能的尺寸偏差。混凝土设备基础不应有影响结构性能和设备安装的尺寸偏差。

对超过尺寸允许偏差且影响结构性能和安装、使用功能的部位,应由施工单位提出技术处理方案,并经监理(建设)单位认可后进行处理。对经处理的部位,应重新检查验收。

检查数量:全数检查。

检验方法:量测,检查技术处理方案。

二、图示(图4-19)

图4-19

三、说明

1. 现浇结构尺寸允许偏差和检验方法(表4-17)

表4-17

项　　　目		允许偏差(mm)	检　验　方　法
轴线位置	基础	15	钢尺检查
	独立基础	10	
	墙、柱、梁	8	
	剪力墙	5	
垂直度	层高 ≤5m	8	经纬仪或吊线、钢尺检查
	层高 >5m	10	经纬仪或吊线、钢尺检查
	全高(H)	H/1000且≤30	经纬仪、钢尺检查
标高	层高	±10	水准仪或拉线、钢尺检查
	全高	+30	
截面尺寸		+8,-5	钢尺检查
电梯井	井筒长、宽对定位中心线	+25,0	钢尺检查
	井筒全高(H)垂直度	H/1000且≤30	经纬仪、钢尺检查
	表面平整度	8	2m靠尺和塞尺检查
预埋设施中心线位置	预埋件	10	钢尺检查
	预埋螺栓	5	
	预埋管	5	
预留洞中心线位置		15	钢尺检查

注:检查轴线、中心线位置时,应沿纵、横两个方向量测、并取其中的较大值。

2. 混凝土设备基础尺寸允许偏差和检验方法（表4-18）

表4-18

项目		允许偏差（mm）	检验方法
坐标位置		20	钢尺检查
不同平面的标高		0，-20	水准仪或拉线、钢尺检查
平面外形尺寸		±20	钢尺检查
凸台上平面外形尺寸		0，-20	钢尺检查
凹穴尺寸		+20，0	钢尺检查
平面水平度	每米	5	水平尺、塞尺检查
	全长	10	水准仪或拉线、钢尺检查
垂直度	每米	5	经纬仪或吊线、钢尺检查
	全高	10	
预埋地脚螺栓	标高（顶部）	+20，0	水准仪或拉线、钢尺检查
	中心距	±2	钢尺检查
预埋地脚螺栓孔	中心线位置	10	钢尺检查
	深度	+20，0	钢尺检查
	孔垂直度	10	吊线、钢尺检查
预埋活动地脚螺栓锚板	标高	+20，0	水准仪或拉线、钢尺检查
	中心线位置	5	钢尺检查
	带槽锚板平整度	5	钢尺、塞尺检查
	带螺纹孔锚板平整度	2	钢尺、塞尺检查

注：检查坐标、中心线位置时，应沿纵、横两个方向量测，并取其中的较大值。

四、措施

施工单位质检人员要认真实测实量结构尺寸，并填写验收记录。发生尺寸超差，应根据具体情况对结构性能和使用功能的影响程度，由施工单位做出处理方案，经监理同意后再处理。未经监理单位认可，不得自行处理。

五、检查要点

(1) 检查检验批质量验收记录。

(2) 检查技术处理方案。

4.15 第9.1.1条

一、条文内容

预制构件应进行结构性能检验。结构性能检验不合格的预制构件不得用于混凝土结构。

二、图示（图4-20）

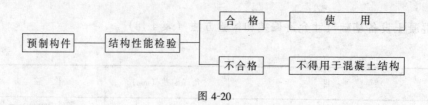

图 4-20

三、说明

1. 检验内容

① $\left[\begin{array}{l}\text{钢筋混凝土构件}\\\text{允许出现裂缝的预应力混凝土构件}\\\text{预应力构件中非预应力杆件}\end{array}\right]$——承载力、挠度、裂缝宽度

②不允许出现裂缝的预应力混凝土构件——承载力、挠度、裂缝宽度；

③对设计成熟、生产数量较少的大型构件，当采取加强材料和制作质量检验的措施时——挠度、抗裂或裂缝宽度

2. 检验批的划分

①同一工艺、同类产品，不超过 1000 件，不超过三个月，为一检验批；

②同一工艺、同类产品连续检验 10 批，且每批均合格可改为不超过 2000 件，不超过三个月为一检验批

3. 检验数量

在每批中，随机抽取一个构件

（试件宜从设计荷载最大，受力最不利，生产数量最多的构件中抽取）

4. 检验方法

短期静力加载方法

（详见 GB 50204—2002，附录 C）

5. 检验合格条件

①全部检验结果符合要求时，评为合格；

②当第一个试件不能全部符合要求时，可再抽两个试件进行检验；

当第二次抽取的两个试件全部符合第二次检验要求时，该批构件评为合格；

③当第二次抽取的第一个试件全部检验结果均符合第一次检验要求时，该批构件评为合格

四、措施

（1）不进行结构性能检验的或结构性检验不合格的预制构件不得用于混凝土结构。

（2）按照标准图或设计要求的试验参数及检验指标制定结构性能检验方案。

（3）做好检验记录和报告。

五、检查要点

（1）检查检验方案；

（2）检查结构性能检验报告。

5.《钢结构工程施工质量验收规范》GB 50205—2001

5.1 第4.2.1条

一、条文内容

钢材、钢铸件的品种、规格、性能等应符合现行国家产品标准和设计要求。进口钢材产品的质量应符合设计和合同规定标准的要求。

检查数量：全数检查。

检验方法：检查质量合格证明文件、中文标志及检验报告等。

二、图示

1. 国产（图5-1）

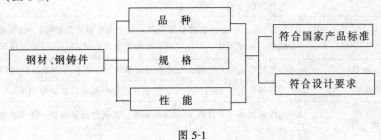

图5-1

2. 进口（图5-2）

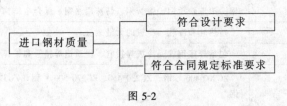

图5-2

三、说明

1. 钢材的分类（表5-1）

表5-1

钢材类别		型 式
钢轨	重 轨	每米重量＞24kg的钢轨
	轻 轨	每米重量≤24kg的钢轨
	重轨配件	包括重轨用的鱼尾板及垫板，不包括道钉等配件及轻轨配件
型钢	大型型钢	圆钢、方钢、六角钢、八角钢—直径或对边距离≥81mm
		扁钢—宽度≥101mm
		工字钢、槽钢（包括I、V、T、Z字钢）—高度≥180mm

续表

钢材类别		型式
型钢	大型型钢	等边角钢—边宽≥150mm
		不等边角钢—边宽≥100mm×150mm
	中型型钢	圆钢、方钢、六角钢、八角钢—直径或对边距离30~80mm
		扁钢—宽度60~100mm
		工字钢、槽钢（包括I、V、T、Z字钢）—高度<180mm
		等边角钢—边宽50~149mm
		不等边角钢—边宽（40×60）~（99×149）mm
	小型型钢	圆钢、方钢、六角钢、八角钢—直径或对边距离10~37mm
		扁钢—宽度≤59mm
		等边角钢—边宽为20~49mm
		不等边角钢—边宽（20×30）~（39×59）mm
		异形断面钢—钢窗类包括在此类
线材		指直径5~9mm的盘条及直条线材（由轧钢机热轧的），包括普通线材和优质线材。各种钢丝（由拉丝机冷拉的）不论直径大小，均不包括在内
带钢（钢带）		包括冷轧和热轧的，分为普通碳素带钢、优质带钢及镀锡带钢三种
中厚钢板		指厚度大于4mm的钢板，包括普通厚钢板和优质钢厚钢板。
薄钢材		指厚度小于4或等于4mm的钢板，包括普通薄钢板、优质薄钢板和镀层薄钢板
优质型材		指用优质钢热轧、锻压和冷拉而成的种种型钢（圆、方、扁及六角钢）。包括碳素结构型钢、碳素工具型钢、合金结构型钢、合金工具型钢、高速工具钢、滚珠轴承钢、弹簧钢、特殊用途钢、低合金结构钢及工业纯铁
无缝钢管		指热轧和冷轧、冷拔的无缝钢管
接缝钢管		包括焊接钢管、冷拔焊接管、优质钢焊接管和镀锌焊接管等
钢铸件		ZG200-400号钢；ZG230-450，ZG270-500号钢；ZG310-570号钢；ZG340-640号钢
其他钢材		指不属于上述各项的钢材。如轻轨配件、轧制车轮等其他钢材。但不包括由钢锭直接锻钢件及钢丝、钢丝绳、铁丝等金属制品

2. 钢材的化学成分和力学性能
（1）碳素结构钢的化学成分（GB700—88）（表5-2）

表5-2

牌号	等级	化学成分（%）					脱氧方法
		碳	锰	硅	硫	磷	
					≤		
Q195	—	0.06~0.12	0.25~0.50	0.30	0.050	0.045	F、b、Z
Q215	A B	0.090~0.15	0.25~0.55	0.30	0.050 0.045	0.045	F、b、Z

续表

牌号	等级	化学成分 (%)					脱氧方法
		碳	锰	硅	硫	磷	
					≤		
Q235	A	0.14~0.22	③0.30~0.65	0.30	③0.050	0.045	F、b、Z
	B	0.12~0.20	0.30~0.70		0.045		
	C	≤0.18	0.35~0.80		③0.040	③0.040	Z
	D	≤0.17			0.035	0.035	TZ
Q255	A	0.18~0.28	0.40~0.70	0.30	③0.050	0.045	F、b、Z
	B				0.045		
Q275	—	0.28~0.38	0.50~0.80	0.35	0.050	0.045	b、Z

注：①Q235A、B级沸腾钢的锰含量上限为0.60%；沸腾钢的硅含量≤0.70%，半镇静钢的硅含量≤0.17%，镇静钢的硅含量下限为0.12%；钢中铬、镍、铜残余含量分别≤0.30%，经需方同意，A级钢的铜含量可≤0.35%，砷残余含量≤0.080%；氧气转炉钢含量≤0.008%。
②D级钢应含有足够的形成细晶粒结构的元素，例如钢中酸溶铝含量≥0.015%，或全铝含量≥0.020%。
③在保证钢材力学性能符合GB700—88规定情况下，各牌号A级钢的碳、硅、锰含量和各牌号其他等级钢碳、锰含量下限可以不作为交货条件。

(2) 碳素结构钢的力学性能（表5-3）

表5-3

牌号	拉 伸 试 验											
	屈服点 (MPa) ≥						抗拉强度 (MPa)	伸长率 δ_5 (%) ≥				
	钢材厚度（直径）(mm)							钢材厚度（直径）(mm)				
	≤16	>16~40	>40~60	>60~100	>100~150	>150		≤16	>16~40	>40~60	>60~100	>100~150	>150
Q195	(195)	(185)	—	—	—	—	315~430	33	32	—	—	—	—
Q215	215	205	195	185	175	165	335~450	31	30	29	28	27	26
Q235	235	225	215	205	195	185	375~500	26	25	24	23	22	21
Q255	255	245	235	225	215	205	410~550	24	23	22	21	20	19
Q275	275	265	255	245	235	225	490~630	20	19	18	17	16	15

冲击试验			冷弯试验（试样宽度 $B=2a$）180°				
牌号	等级	温度	V形缺口冲击吸收功（纵向）(J) ≥	牌号	试样方向	钢材厚度（直径）a (mm)		
						60	>60~100	>100~200
						弯心直径 d (mm)		
Q195	—	—	—	Q195	纵 横	0 0.5a	— —	— —
Q215	A	—	—	Q215	纵 横	1.5a a	③5a 2a	2a 2.5a
	B	20	27					
Q235	A	—	—	Q235	纵 横	a 1.5a	2a 2.5	③5a 3a
	B	20	27					
	C	0	27					
	D	−20	27					

续表

冲击试验			冷弯试验（试样宽度 $B=2a$）180°			
牌号	等级	温度	V形缺口冲击吸收功（纵向）(J) ≥	牌号	试样方向	钢材厚度（直径）a (mm)
						60 | >60~100 | >100~200
						弯心直径 d (mm)
Q255	A	—	—	Q255		$2a$ | $3a$ | $3.5a$
	B	20	27			
Q275	—	—	—	Q275		$2a$ | $4a$ | $4.5a$

注：Q195钢的屈服点仅供参考，不作交货条件；各牌号A级钢的冷弯试验，在需方有要求时才进行，当试验合格时，抗拉强度上限，可不作交货条件；各牌号B级沸腾钢轧制钢材厚度（直径）一般小于或等于25mm。

（3）低合金高强度结构钢的化学成分（表5-4）

表5-4

牌号	质量等级	化学成分（%）				
		碳≤	锰	硅≤	磷≥	硫≥	铝≥
Q295	A	0.16	0.80~1.50	0.55	0.045	0.045	—
	B	0.16	0.80~1.50	0.55	0.040	0.040	—
Q345	A	0.20	1.00~1.60	0.55	0.045	0.045	—
	B	0.20	1.00~1.60	0.55	0.040	0.040	—
	C	0.20	1.00~1.60	0.55	0.035	0.035	0.015
	D	0.18	1.00~1.60	0.55	0.030	0.030	0.015
	E	0.18	1.00~1.60	0.55	0.025	0.025	0.015
Q390	A	0.20	1.00~1.60	0.55	0.045	0.045	—
	B	0.20	1.00~1.60	0.55	0.040	0.040	—
	C	0.20	1.00~1.60	0.55	0.035	0.035	0.015
	D	0.20	1.00~1.60	0.55	0.030	0.030	0.015
	E	0.20	1.00~1.60	0.55	0.025	0.025	0.015
Q420	A	0.20	1.00~1.70	0.55	0.045	0.045	—
	B	0.20	1.00~1.70	0.55	0.040	0.040	—
	C	0.20	1.00~1.70	0.55	0.035	0.035	0.015
	D	0.20	1.00~1.70	0.55	0.030	0.030	0.015
	E	0.20	1.00~1.70	0.55	0.025	0.025	0.015
Q460	C	0.20	1.00~1.70	0.55	0.035	0.035	0.015
	D	0.20	1.00~1.70	0.55	0.030	0.030	0.015
	E	0.20	1.00~1.70	0.55	0.025	0.025	0.015

牌号	质量等级	化学成分（%）				
		钒	铌	钛	铬≤	镍≤
Q295	A	0.02~0.15	0.015~0.060	0.02~0.20	—	—
	B	0.02~0.15	0.015~0.060	0.02~0.20	—	—
Q345	A	0.02~0.15	0.015~0.060	0.02~0.20	—	—
	B	0.02~0.15	0.015~0.060	0.02~0.20	—	—
	C	0.02~0.15	0.015~0.060	0.02~0.20	—	—
	D	0.02~0.15	0.015~0.060	0.02~0.20	—	—
	E	0.02~0.15	0.015~0.060	0.02~0.20	—	—

续表

牌号	质量等级	化学成分（%）				
		钒	铌	钛	铬 ≤	镍 ≤
Q390	A	0.02~0.15	0.015~0.060	0.02~0.20	0.30	0.70
	B	0.02~0.15	0.015~0.060	0.02~0.20	0.30	0.70
	C	0.02~0.15	0.015~0.060	0.02~0.20	0.30	0.70
	D	0.02~0.15	0.015~0.060	0.02~0.20	0.30	0.70
	E	0.02~0.15	0.015~0.060	0.02~0.20	0.30	0.70
Q420	A	0.02~0.20	0.015~0.060	0.02~0.20	0.40	0.70
	B	0.02~0.20	0.015~0.060	0.02~0.20	0.40	0.70
	C	0.02~0.20	0.015~0.060	0.02~0.20	0.40	0.70
	D	0.02~0.20	0.015~0.060	0.02~0.20	0.40	0.70
	E	0.02~0.20	0.015~0.060	0.02~0.20	0.40	0.70
Q460	C	0.02~0.20	0.015~0.060	0.02~0.20	0.70	0.70
	D	0.02~0.20	0.015~0.060	0.02~0.20	0.70	0.70
	E	0.02~0.20	0.015~0.060	0.02~0.20	0.70	0.70

注：①铝为全铝含量，如化验酸溶铝，其含量≥0.010%。
②Q295 钢的碳含量到 0.18% 也可交货。
③Q345 钢的锰含量的上限可到 1.70%。
④不加钒、铌、钛的 Q295 钢，当碳含量≤0.12% 时，锰含量上限可到 1.80%。
⑤厚度≤6mm 的钢板（带）和厚度≤16mm 的热连轧钢板（带）的锰含量下限可到 0.20%。
⑥在保证钢材力学性能符合规定的情况下，用铌作细化晶粒元素时，Q345、Q390 钢的锰含量下限可低于规定的下限含量。
⑦除各牌号 A、B 级钢外，表中规定的细化晶粒元素（钒、铌、钛、铝），钢中至少含有其中的一种，如这些元素同时使用，则至少应有一种元素的含量不低于规定的最小值。
⑧为改善钢的性能，各牌号 A、B 级钢，可加入钒或铌等细化晶粒元素，其含量应符合规定。
如不做合金元素加入时，其下限含量不受限制。
⑨当钢中不加入细化晶粒元素时，不进行该元素含量的分析，也不予保证。
⑩型钢和棒钢的铌含量下限为 0.005%。
⑪各牌号钢中的铬、镍、铜残余元素含量均小于或等于 0.30%，供方如能保证可不做分析。
⑫为改善钢的性能，各牌号钢可加入稀土元素，其加入量按 0.02%~0.20% 计算；对 Q390、Q420、Q460 钢，可加入少量铝元素。
⑬供应商品钢锭、连铸坯、钢坯时，为保证钢材力学性能符合规定，其碳、硅元素含量的下限，可根据需方要求，另订协议。

（4）低合金高强度结构钢的力学性能（表5-5）

表 5-5

牌号	质量等级	厚度（直径、边长）(mm)				抗拉强度 σ_b (MPa)
		≤16	>16~35	>35~50	>50~100	
		屈服点 σ（MPa）≥				
Q295	A	295	275	255	235	390~570
	B	295	275	255	235	390~570
Q345	A	345	325	295	275	470~630
	B	345	325	295	275	470~630
	C	345	325	295	275	470~630
	D	345	325	295	275	470~630
	E	345	325	295	275	470~630
Q395	A	390	370	350	330	490~650
	B	390	370	350	330	490~650
	C	390	370	350	330	490~650
	D	390	370	350	330	490~650
	E	390	370	350	330	490~650

续表

牌号	质量等级	厚度（直径、边长）(mm)				抗拉强度 σ_b (MPa)
		≤16	>16~35	>35~50	>50~100	
		屈服点 σ (MPa) ≥				
Q420	A	420	400	380	360	520~680
	B	420	400	380	360	520~680
	C	420	400	380	360	520~680
	D	420	400	380	360	520~680
	E	420	400	380	360	520~680
Q460	C	460	440	420	400	550~720
	D	460	440	420	400	550~720
	E	460	440	420	400	550~720

牌号	质量等级	伸长率 δ_s (%) ≥	试验温度（℃） 冲击吸收功 A_{kv} (纵向) (J) ≥				180°弯曲试验 [d=弯心直径，a=试样厚度（直径）] 钢材厚度（直径）(mm)	
			+20	0	-20	-40	≤16	>16~100
Q295	A	23	—	—	—	—	$d=2a$	$d=3a$
	B	23	34	—	—	—	$d=2a$	$d=3a$
Q345	A	21	—	—	—	—	$d=2a$	$d=3a$
	B	21	34	—	—	—	$d=2a$	$d=3a$
	C	22	—	34	—	—	$d=2a$	$d=3a$
	D	22	—	—	34	—	$d=2a$	$d=3a$
	E	22	—	—	—	27	$d=2a$	$d=3a$
Q390	A	19	—	—	—	—	$d=2a$	$d=3a$
	B	19	34	—	—	—	$d=2a$	$d=3a$
	C	20	—	34	—	—	$d=2a$	$d=3a$
	D	20	—	—	34	—	$d=2a$	$d=3a$
	E	20	—	—	—	27	$d=2a$	$d=3a$
Q420	A	18	—	—	—	—	$d=2a$	$d=3a$
	B	18	34	—	—	—	$d=2a$	$d=3a$
	C	19	—	34	—	—	$d=2a$	$d=3a$
	D	19	—	—	34	—	$d=2a$	$d=3a$
	E	19	—	—	—	27	$d=2a$	$d=3a$
Q460	C	17	—	34	—	—	$d=2a$	$d=3a$
	D	17	—	—	34	—	$d=2a$	$d=3a$
	E	17	—	—	—	27	$d=2a$	$d=3a$

注：①进行拉伸和弯曲试验时，钢板（带）应取横向试样；宽度<600mm的钢带、型钢和棒钢应取纵向试样。
②钢板（带）的伸长率允许比表中规定低1个单位。
③Q345钢其厚度>35mm的钢板的伸长率允许比表中规定低1个单位。
④边长或直径>50~100mm的方、圆钢其伸长率允许比表中规定低1个单位。
⑤宽钢带（卷状）的抗拉强度上限值不作交货条件。
⑥A级钢应进行弯曲试验。其他质量等级钢，如供方能保证弯曲试验结果符合表中规定，可不做检验。
⑦夏比（V形缺口）冲击试验的冲击吸收功和试验温度应符合表中规定。冲击吸收功按一组三个试样算术平均值计算，允许其中一个试样单值低于表中规定值，但不得低于规定值的70%。
⑧当采用5×10×55（mm）小尺寸试样做冲击试验时，其试验结果应不小于规定值的50%。
⑨表例牌号以外的钢材性能，由供需双方协商确定。
⑩Q460和各牌号D、E级钢一般不供应型钢、棒钢。
⑪钢一般应以热轧、控轧、正火及正火加回火状态交货，Q420、Q460钢的C、D、E级钢也可按淬火加回火状态交货。

(5) 低合金高强度结构新旧牌号对照（表5-6）

表5-6

新标准牌号（GB/T1591—94）	旧标准牌号（GB1591—88）
Q295	09MnV、09MnNb、09Mn2、12Mn
Q345	12MnV、14MnNb、16Mn、16MnRE、18Nb
Q395	15MnV、15MnTi、16MnNb
Q420	14MnVTiRE、15MnVN
Q460	—

(6) 铸造碳钢件的化学成分（表5-7）

表5-7

牌 号	化学成分（%）≤					
	碳	硅	锰	硫	磷	残余元素
ZG200-400	0.20	0.50	0.80	0.040	0.040	镍 0.30
ZG230-450	0.30	0.50	0.90	0.040	0.040	铬 0.35
ZG270-500	0.40	0.50	0.90	0.040	0.040	铜 0.30
ZG310-570	0.50	0.60	0.90	0.040	0.040	钼 0.20
ZG340-640	0.60	0.60	0.90	0.040	0.040	钒 0.05

注：①残余元素总和≤1.00。
②对上限每减少0.01%碳，允许增加0.04%锰。对ZG200-400，锰含量最高至1.00%，其余四个牌号锰含量最高至1.20%。

(7) 铸造碳钢件的力学性能（表5-8）

表5-8

牌 号	室温下试样力学性能≥				
	屈服点或屈服强度	抗拉强度	伸长率	收缩率	(V形)冲击吸收功* A_{kv}（J）
	（MPa）		（%）		
ZG200-400	200	400	25	40	30
ZG230-450	230	450	22	32	25
ZG270-500	270	500	18	25	22
ZG310-570	310	570	15	21	15
ZG340-640	340	640	10	18	10

注：①表列数值适用于小于或等于100mm的铸件；对于厚度>100mm的铸件，仅屈服强度数值可供设计用。如需从经热处理的铸件上或从代表铸件的大型试块上切取试样时，其数值须由供需双方协商确定。
②*对收缩率和冲击吸收功，如需方无要求，即由制造厂选择保证其中一项。

3. 钢材常见冶金缺陷的检查判断（表5-9）

表5-9

缺 陷	定 义	特 征	检查方法与判断
裂缝 （又称裂纹）	钢板表面在纵横方向上呈现断断续续形状不同的裂纹称裂缝	因轧制方向不同，缺陷呈现的部位及形状有所不同，纵轧钢板的缺陷出现在表面两侧的边缘部位；横轧钢板缺陷出现在钢板表面两端的边缘部位，成鱼鳞状的裂纹	①经宏观检查发现后，用深度千分表测量； ②用砂轮清除，按有关标准判断

续表

缺陷	定义	特征	检查方法与判断
结疤（重皮）	钢材表面呈现局部薄皮状重叠，称为结疤	①因水容易浸入缺陷下部使其冷却快，矿缺陷处呈现棕色或黑色；②结疤容易脱落，形成光面的凹坑	①经宏观检查发现后，用砂轮或扁铲清理；②用工具测量，按有关标准判断
夹杂	钢板内部有非金属物的掺入，称为夹杂，常用的是硫化物和氧化物	它是隐蔽性的缺陷之一。只在切割断面上纵边平行方向的裂缝裸露，一般呈灰白色或灰黑色的粉状物	①宏观法与机械法相结合进行检查；②按标准要求，发现必须切掉
分层	在钢板的断面上出现，顺板厚度方向分多层	①横轧钢板出现在钢板的纵断面上；纵轧板出现在钢板的横板的横断面上；②发生分层的钢板断面上往往出现非金属物，但有时也无非金属物	
发纹（毛缝）	在钢板纵横断面上呈现断断续续发状的缺陷，为发纹	在断面上呈现灰白色细小断续的发状裂缝，裂缝和发纹的主要区别是深浅、长短和粗细的不同	用宏观检查，发现后按有关标准判断
气泡	在钢板表面上局部呈沙丘状的凸包，称作气泡	钢板表面呈现无规律的凸起，其外缘比较光滑，大部分是鼓起的；在钢板断面处则呈凸起式的空窝	①宏观检查，发现凸包进用手锤敲打鉴别，如听有空响声便是气泡；②按标准要求，将有缺陷部分切掉
铁皮	钢材表面粘附着以铁为主的金属氧化物称铁皮	钢材表面有黑灰色或棕红色呈鳞状、条状或块状的铁皮	
麻点	钢材表面无规则分布的凹坑，形成表面粗糙，称为麻点	钢板表面有若干凹坑，使钢材表面呈粗糙面，严重时有类似橘子皮状的、比麻点大而深的麻斑	宏观检查，按标准要求判断
压痕	轧辊表面局部不平，或因有非轧件落入而经轧制后呈现在钢板上印迹，通常称为压痕	钢板表面呈现有次序排列的压痕（轧辊造成的凹凸）；钢板表面呈现无次序排列的压痕（非轧件压入）	
刮伤（划痕）、勒伤	钢板表面有低于轧制面的沟状缺陷为刮伤；板板两侧边因钢绳吊运产生的永久变形，称为勒伤	钢材表面有低于母材的划沟，高温划痕表面有氧化皮，吊运划痕则在伤口处有高低不平凹凸面或其他杂物	宏观检查，按标准要求判断

4. 对属于下列情况之一的钢材，应进行抽样复验，其复验结果应符合现行国家产品标准的设计要求

(1) 国外进口钢材；

(2) 钢材混批；

(3) 板厚等于或大于40mm，且设计有Z向性能要求的厚板；

(4) 建筑结构安全等级为一级，大跨度钢结构中主要受力构件所采用的钢材；

(5) 设计有复验要求的钢材；

(6) 对质量有疑义的钢材。

5．钢材的外观质量要求

除不能有结疤、裂纹、折叠和分层等缺陷外，尚应符合下列规定：

(1) 当钢材的表面有锈蚀、麻点或划痕等缺陷时，其深度不能大于该钢材厚度负允许偏差值的 1/2；

(2) 钢材表面的锈蚀等级应符合现行国家标准《涂装前钢材表面锈蚀等级和除锈等级》GB8923 规定的 C 级及 C 级以上；

(3) 钢材端边或断口处不应有分层、夹渣等缺陷。

四、措施

(1) 钢材复验检验应执行见证取样制度。

(2) 进场钢材按其品种、规格分别堆放。

(3) 严禁使用无质量合格证明文件的钢材和钢铸件。

五、检查要点

(1) 检查钢材质量合格证明文件、中文标志及检验报告等。

(2) 检查钢材进场复验报告。

5.2 第4.3.1条

一、条文内容

焊接材料的品种、规格、性能等应符合现行国家产品标准和设计要求。

检查数量：全数检查。

检验方法：检查焊接材料的质量合格证明文件、中文标志及检验报告等。

二、图示（图5-3）

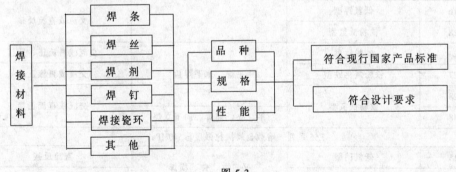

图5-3

三、说明：

1．常用焊条型号（表5-10）

表 5-10

焊条型号	药皮类型	焊接位置	电流种类
E43系列—熔敷金属抗拉强度≥420MPa			
E4300	特殊型	平、立、仰、横焊	交流或直流正、反接
E4301	钛铁矿型		交流或直流正、反接
E4303	钛钙型		交流或直流正、反接
E4310	高纤维钠型		直流反接
E4311	高纤维钾型		交流或直流反接
E4312	高钛钠型		交流或直流正接
E4313	低氢钾型		交流反接
E4315	低氢钠型		交接或直流反接
E4316	低氢钾型		交流或直流正接
E4320	氧化铁型	水平角焊	交流或直流正接
E4322	氧化铁型	平焊	交流或直流正接
E4323	铁粉钛钙型	平焊、水平角焊	交流或直流正、反接
E4324	铁粉钛型		交流或直流正、反接
E4327	铁粉氧化铁型		交流或直流正接
E4328	铁粉低氢型		交流或直流反接
E50系列—熔敷金属抗拉强度≥490MPa			
E5001	钛铁矿型	平、立、仰、横焊	交流或直流正、反接
E5003	钛钙型		交流或直流正、反接
E5011	高纤维钾型		交流或直流反接
E5014	铁粉钛型		交流或直流正、反接
E5015	低氢钠型		直流反接
E5016	低氢钾型		交流或直流反接
E5018	铁粉低氢型		交流或直流反接
E5024	铁粉钛型	平焊、水平焊角	交流或直流正、反接
E5027	铁粉氧化铁型		交流或直流正接
E5028	铁粉低氢型		交流或直流正接
E5048	铁粉低氢型	平、立、仰焊、向下立焊	交流或直流正接
E55系列—熔敷金属抗拉强度≥540MPa			
E5515	低氢钠型	平、立、仰、横焊	直流反接
E5516	低氢钾型		交流或直流反接
E60系列—熔敷金属抗拉强度≥590MPa			
E6015	低氢钠型	平立、仰、横焊	直流反接
E6016	低氢钾型		交流或直流反接

注：焊条型号编制方法：字母"E"表示焊条，前两位数字表示熔敷金属抗拉强度的最小值，第三位数字表示焊条的焊接位置，"0"及"1"表示焊条适用于全位置焊接（平、立、仰、横），"2"表示焊条适用于平焊及平角焊，"4"表示焊条适用于向下立焊；第三位与第四位数字组合时表示焊接电流种类及药皮类型。

2. 常用焊剂牌号及主要用途（表 5-11）

表 5-11

牌　号	焊剂类型	电流种类	主　要　用　途
HJ350	中锰中硅中氟	交 直 流	焊接低碳钢及普通低合金钢结构
HJ360	中锰高硅中氟	交 直 流	用于电渣焊大型低碳钢及普通低合金钢结构
HJ430	高锰高硅低氟	交 直 流	焊接重要的低碳钢及普通低合金钢结构
HJ431	高锰高硅低氟	交 直 流	焊接重要的低碳钢及普通低合金钢结构
HJ433	高锰高硅低氟	交 直 流	焊接低碳钢结构，有较高熔点和黏度

注：牌号前"HJ"表示埋弧及电渣焊用熔焊剂；牌号第一位数字1、2、3、4分别表示无锰、低锰、中锰、高锰；第二位数字从1至9分别依次表示低硅低氟、中硅低氟、高硅低氟、中硅中氟、低硅高氟、中硅高氟和其他等；牌号第三位数字表示同一类型焊剂的不同牌号。

3. 对焊接材料的质量要求

(1) 焊条：外观不应有包皮脱落，焊芯生锈等缺陷；

(2) 焊剂：不应受潮、结块；

(3) 焊钉及焊接瓷环的规格、尺寸及偏差应符合现行国家标准《圆柱头焊钉》GB10433的规定；

(4) 焊接材料应与母材质量相匹配。

四、措施

(1) 对重要钢结构采用的焊接材料进行抽样复检。

(2) 焊工等有关人员应熟悉掌握焊接材料的品种、规格、性能等。

五、检查要求

(1) 检查焊接材料的质量合格证明文件、中文标志、检验报告。

(2) 检查复验报告。

5.3　第4.4.1条

一、条文内容

钢结构连接用高强度大六角头螺栓连接副、扭剪型高强度螺栓连接副、钢网架用高强度螺栓、普通螺栓、铆钉、自攻钉、拉铆钉、射钉、锚栓（机械型和化学试剂型）、地脚锚栓等紧固标准件及螺母、垫圈等标准配件，其品种、规格、性能等应符合现行国家产品标准和设计要求。高强度大六角头螺栓连接副和扭剪型高强度螺栓连接副出厂时应分别随箱带有扭矩系数和紧固轴力（预拉力）的检验报告。

检查数量：全数检查

检验方法：检查产品的质量合格证明文件、中文标志及检验报告等。

二、图示（图5-4）

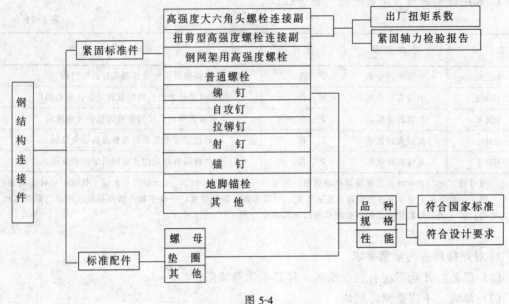

图 5-4

三、说明

1. 高强度螺栓的性能等级和机械性能（表 5-12）

表 5-12

螺栓种类	性能等级	采用的钢号	屈服强度 N/mm² ≥	屈服强度 N/mm²	抗拉强度 N/mm²	抗拉强度 N/mm²
大六角头高强度螺栓	8.8 级	45 号钢、35 号钢	630	660	850～1050	830～1030
大六角头高强度螺栓	10.9 级	20MnTiB 钢	950	940	1060～1260	1040～1240
大六角头高强度螺栓	10.9 级	40B 钢	950	940	1060～1260	1040～1240
扭剪型高强度螺栓	10.9 级	20MnTiB 钢	950	940	1060～1260	1040～1240

2. 对高强度螺栓（即高强度大六角头螺栓连接副、扭剪型高强度螺栓连接副和钢网架用高强度螺栓共 3 种）的检验要求

（1）进场检验

按包装箱配套供货，包装箱上应标明批号、规格、数量及生产日期。按包装箱数检查 5%，且不应少于 3 箱。

（2）对高强度大六角头螺栓连接副：

按本规范附录 B 检验其扭矩系数，每批随机抽取 8 套连接副进行复验。

（3）对扭剪型高强度螺栓连接副：

按本规范附录 B 检验其预拉力。每批随机抽取 8 套连接副进行复验。

（4）对钢网架用高强度螺栓：

（对建筑结构安全等级为一级，跨度 40m 及以上的螺栓球节点钢网架结构）进行表面硬度试验（按规格检查 8 只）：

对 8.8 级高强度螺栓，硬度应为 HRC21~29；

对 10.9 级高强度螺栓，硬度应为 HRC32~36；

表面不能有裂纹或损伤。

3．对螺栓、螺母、垫圈等的检验要求

外观表面应涂油保护，不应出现生锈和沾染脏物，螺纹不应损伤。

四、措施

（1）施工单位技术负责人应对进场连接用紧固标准件的性能进行检查确认，严禁使用无合格证明文件和无复验报告的紧固件。

（2）监理单位认真执行见证取样、送检制度。

五、检查要点

（1）检查产品的质量证明文件、中文标志及检验报告等。

（2）检查产品的复验报告。

5.4 第 5.2.2 条

一、条文内容

焊工必须经考试合格并取得合格证书。持证焊工必须在其考试合格项目及其认可范围内施焊。

检查数量：全数检查。

检验方法：检查焊工合格证及其认可范围、有效期。

二、图示（图 5-5）

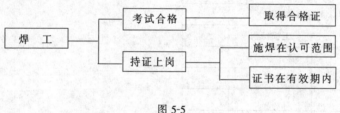

图 5-5

三、说明

1．焊工合格证书式样（表 5-13）

2．本条所指焊工包括手工操作焊工和机械操作焊工

焊工是特殊工种，特别在钢结构工程施工中，焊工的操作技能和资格对质量保证起着至关重要的作用，故必须进行考试并取得合格证书，持证上岗。

3．焊工合格证有效期为三年

焊工在有效期内连续中断焊接工作 6 个月以上，合格证即失效，如再参加焊接工作，需重新考试，合格后继续从事焊接工作。

四、措施

（1）焊工必须持证上岗。

（2）严禁无证焊工施焊。

（3）焊缝施焊后，应在工艺规定的焊缝及部位上打上焊工钢印。

表 5-13

建筑钢结构焊工合格证			姓名　　　　　　　　　　 性别 焊工代码 照片 焊工测试委员会签章 编号：　　　　　　　　　年　月　日	
焊接质量事故记录表			注意事项： ①此证应妥善保存，只限本人使用。 ②此证记载各项，不能私自涂改，有效工作范围应与考试合格时内容基本一致。 ③合格证有效期三年	
年 月 日	质量事故内容	检验员		
焊接方法		考试种类	免试证明： 　　该焊工在　年　月至　年　月期间从事焊接工作，质量共　项的有效期延长至　年　月　日。	
钢材种类		板厚或管径		
焊丝牌号 焊条		直径		
焊剂牌号		（CO_2气体纯度）		
外观检查		无损探伤	焊工考试委员会主任委员 　　　　　　　　年　月　日	
冷弯试验				
其他检验				
理论考试				
技能考试				
负责人签字：　　　　填发日期：				

五、检查要点

检查焊工的合格证、认可范围及有效期。

5.5　第5.2.4条

一、条文内容

设计要求全焊透的一、二级焊缝应采用超声波探伤进行内部缺陷的检验，超声波探伤不能对缺陷作出判断时，应采用射线探伤，其内部缺陷分级及探伤方法应符合现行国家标准《钢焊缝手工超声波探伤方法和探伤结果分级》GB11345或《钢熔化焊对接接头射线照相和质量分级》GB3323的规定。

焊接球节点网架焊缝、螺栓球节点网架焊缝及圆管T、K、Y形节点相关线焊缝，其内部缺陷分级及探伤方法应分别符合国家现行标准《焊接球节点钢网架焊缝超声波探伤方法及质量分级法》JG/T3034.1、《螺栓球节点钢网架焊缝超声波探伤方法及质量分级法》JG/T3034.2、《建筑钢结构焊接技术规程》JGJ81的规定。

一级、二级焊缝的质量等级及缺陷分级应符合表5-14的规定。

检查数量：全数检查。

检验方法：检查超声波或射线探伤记录。

一、二级焊缝质量等级及缺陷分级　　　　　　　　表5-14

焊缝质量等级		一级	二级
内部缺陷超声波探伤	评定等级	Ⅱ	Ⅲ
	检验等级	B级	B级
	探伤比例	100%	20%
内部缺陷射线探伤	评定等级	Ⅱ	Ⅲ
	检验等级	AB级	AB级
	探伤比例	100%	20%

注：探伤比例的计数方法应按以下原则确定：(1)对工厂制作焊缝，应按每条焊缝计算百分比，且探伤长度应不小于200mm，当焊缝长度不足200mm时，应对整条焊缝进行探伤；(2)对现场安装焊缝，应按同一类型、同一施焊条件的焊缝条数计算百分比，探伤长度应不小于200mm，并应不少于1条焊缝。

二、图示（图5-6）

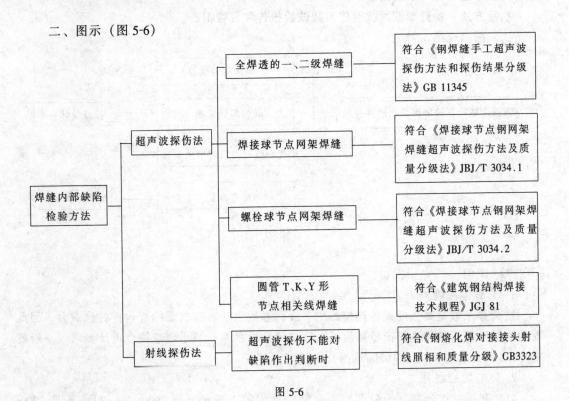

图5-6

三、说明

1.焊缝内部缺陷主要有裂缝、未熔合、未焊透、夹渣、气孔等

2．常用的内部缺陷检测方法有超声波探伤法和射线探伤法两种

（1）超声波探伤法：操作程序简单、快速，对各种接头形成的适应性好；对裂纹、未熔合的检测灵敏度高，该法最常用。

（2）射线探伤法：具有直观性的一致性，但成本高、操作程度复杂、检测周期长、尤其对钢结构中大多为T型接头和角接头，射线检测效果差，且射线探伤对裂纹、未熔合等危害性缺陷的检出率低，故目前一般不再采用射线探伤。

四、措施

（1）提高焊工施焊操作技术，保证焊缝内部质量。

（2）熟悉掌握焊缝内部缺陷探伤方法和相关国家规范规定。

五、检查要点

检查超声波或射线探伤记录。

5.6 第6.3.1条

一、条文内容

钢结构制作和安装单位应按本规范附录B的规定分别进行高强度螺栓连接摩擦面的抗滑移系数试验和复验，现场处理的构件摩擦面应单独进行摩擦面抗滑移系数试验，其结果应符合设计要求。

检查数量：见本规范附录B。

检验方法：检查摩擦面抗滑移系数试验报告和复验报告。

二、图示（图5-7）

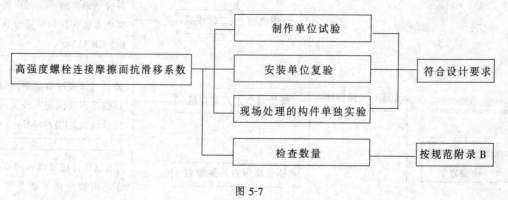

图 5-7

三、说明

1．抗滑移系数

抗滑移系数是高强度螺栓连接的主要设计参数之一，直接影响着构件的承载力，因此对构件的摩擦面必须进行抗滑移测试，测试的抗滑移系数最小值应符合设计要求（一般要求Q235钢为0.45以上；16Mn钢为0.55以上）。

2．制造批的划分

（1）制造批按分部（子分部）工程划分规定的工程量，每2000t为一批，不足2000t也为一批。每批3组试件。试件由制造厂加工；

（2）试件与所代表的钢结构构件应为：

①同一材质；
②同批制作；
③采用同一摩擦面处理工艺，有相同的表面状态；
④应用同批同一性等级的高强度螺栓连接副；
⑤环境同一条件下存放。

3．试验方法详见本规范附录 B.0.5

4．高强度螺栓连接的方法

（1）高强度螺栓是钢结构目前最先进的连接方法之一，其特点为传力均匀可靠，接头刚性好，承载能力大，疲劳强度高，施工安装方便，易掌握，可拆摸，螺母不易松动，结构安全可靠；没有铆钉传力的应力集中，成为钢结构工程应用最广泛的连接方法。

（2）高强度螺栓的连接方法：

①摩擦型连接—依靠接触面之间产生的抗剪摩擦力传递与螺栓垂直方向应力；

②承压型连接—螺栓拧紧后所产生的抗滑移力和螺栓杆在螺孔内与连接钢板间产生的承压力来传递应力；

③张拉型连接—螺栓拧紧后钢板间产生压力，螺栓在轴向拉力作用下钢板间压力减少，外力由螺栓承担；

④混合型连接。

（3）高强度螺栓的紧固方法：

用专用扳手拧紧螺母。

大六角头高强螺栓一般用两种方法拧紧—扭矩法和转角法，都分为初拧和终拧两次拧紧。初拧后板层达不到充分密贴，还要增加复拧。

初拧扭矩用终扭矩的 50%，复拧扭矩和初拧扭矩相同。

（4）高强度螺栓的安装顺序：

一个接头上的高强螺栓应从螺栓群中部开始安装，逐个拧紧；初拧、复拧、终拧都应从螺栓群中间向四周扩展逐个拧紧。如发生超拧，则需更换螺栓，不能重复使用。

四、措施

（1）未经抗滑移系数试验和复验的构件不能安装。

（2）当试验或复验抗滑移系数最小值低于设计要求时，应分析原因，采取措施，改变处理方法，重新试验。

五、检查要点

检查抗滑移系数试验报告和复验报告。

5.7 第 8.3.1 条

一、条文内容

吊车梁和吊车桁架不应下挠。

检查数量：全数检查。

检验方法：构件直立，在两端支承后，用水准仪和钢尺检查。

二、图示（图 5-8）

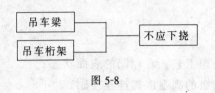

图 5-8

三、说明

(1) 不下挠或起拱均指吊车梁安装就位后的状况,吊车梁在工厂制作完后,要检验其起拱度或下挠与否,应与安装就位的支承状况基本相同。

(2) 当吊车梁和桁架式吊车梁跨度 $t<18m$ 时,不作起拱,但严禁下挠;当 $t \geqslant 18m$ 时,应向上起拱。

四、措施

(1) 组装时必须考虑梁的自重对挠度的影响。

(2) 组装时必须考虑焊接变形对挠度的影响。

(3) 预留适量的拱度,但上拱不应大于 10mm。

五、检查要点

将构件直立,两端支承后,用水准仪和钢尺检查有无下垂。

5.8 第 10.3.4 条

一、条文内容

单层钢结构主体结构的整体垂直度和整体平面弯曲的允许偏差应符合表 5-15 的规定。

检查数量:对主要立面全部检查。对每个所检查的立面,除两列角柱外,尚应至少选取一列中间柱。

检验方法:采用经纬仪、全站仪等测量。

整体垂直度和整体平面弯曲的允许偏差(mm) 表 5-15

项 目	允许偏差	图 例
主体结构的整体垂直度	$H/1000$,且不应大于 25.0	
主体结构的整体平面弯曲	$L/1500$,且不应大于 25.0	

二、图示（图 5-9）

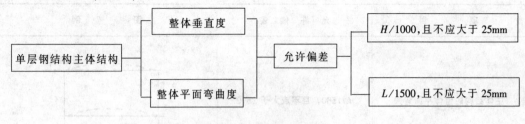

图 5-9

三、说明

单层钢结构主体结构的整体垂直度和整体平面弯曲，是检查、衡量安装校正质量的重要指标，也是保证钢结构整体质量的重要指标。

为了保证安装质量不超过规定允许偏差，应做好各个环节安装过程的质量控制，如柱、桁架、梁、吊车梁、檩条的安装及安装精度等。

四、措施

控制好各个阶段的安装过程质量，在各个构件安装过程中，随时校正柱的垂直度和梁系的直线度，并做好记录。

五、检查要点

检查主要立面的垂直度和平面弯曲测量记录。

5.9 第 11.3.5 条

一、条文内容

多层及高层钢结构主体结构的整体垂直度和整体平面弯曲的允许偏差应符合表 5-16 的规定。

检查数量：对主要立面全部检查。对每个所检查的立面，除两列角柱外，尚应至少选取一列中间柱。

检验方法：对于整体垂直度，可采用激光经纬仪、全站仪测量，也可根据各节柱的垂直度允许偏差累计（代数和）计算。对于整体平面弯曲，可按产生的允许偏差累计（代数和）计算。

整体垂直度和整体平面弯曲的允许偏差（mm）　　　　表 5-16

项　目	允　许　偏　差	图　例
主体结构的整体垂直度	$(H/2500 + 10.0)$，且不应大于 50.0	

续表

项 目	允 许 偏 差	图 例
主体结构的整体平面弯曲	$L/1500$，且不应大于 25.0	

二、图示（图 5-10）

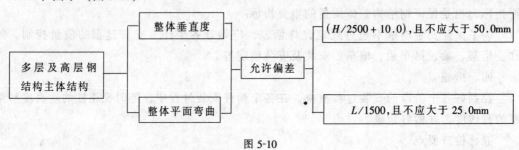

图 5-10

三、说明

多层和高层钢结构主体结构的整体垂直度和整体平面弯曲，是检查、衡量安装质量的重要指标，也是保证钢结构整体质量的重要指标。

为了保证安装质量，不超过规定允许偏差尺寸，应做好各个环节安装过程的质量控制，如钢柱的安装及安装精度等。

四、措施

控制好各个阶段的安装过程质量，在各个构件安装过程中，随时校正柱的垂直度和梁系的直线度，并做好记录。

五、检查要点

检查主要立面的垂直度和平面弯曲测量记录。

5.10 第 12.3.4 条

一、条文内容

钢网架结构总拼完成后及屋面工程完成后应分别测量其挠度值，且所测的挠度值不应超过相应设计值的 1.15 倍。

检查数量：跨度 24m 及以下钢网架结构测量下弦中央一点；跨度 24m 以上钢网架结构测量下弦中央一点及各向下弦跨度的四等分点。

检验方法：用钢尺和水准仪实测。

二、图示

1. 条文内容（图 5-11）

图 5-11

2. 检查数量（图 5-12）

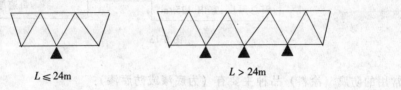

图 5-12

注：▲为挠度观测位置

三、说明

(1) 由于网架结构理论计算精度与实际安装后的挠度有一定的出入，一般实际挠度经试验表明比理论计算挠度大 5%~11%，故规定实测挠度值不应超过设计值的 1.15 倍。

(2) 各点的允许挠度值（实测值）均不应超过相应各点设计挠度值的 1.15 倍。

四、措施

提高网架结构连接节点的零件加工精度和安装精度，减少与设计挠度值差幅。

五、检查要点

检查挠度实测记录。

5.11 第 14.2.2 条

一、条文内容

涂料、涂装遍数、涂层厚度均应符合设计要求。当设计对涂层厚度无要求时，涂层干漆膜总厚度：室外应为 150μm，室内应为 125μm，其允许偏差为 −25μm。每遍涂层干漆膜厚度的允许偏差为 −5μm。

检查数量：按构件数抽查 10%，且同类构件不应少于 3 件。

检验方法：用干漆膜测厚仪检查。每个构件检测 5 处，每处的数值为 3 个相距 50mm 测点涂层干漆膜厚度的平均值。

二、图示（图 5-13）

三、说明

1. 常用的防腐（锈）涂料品种

钢结构的腐蚀是在长期使用过程中的自然现象，为防止结构过早腐蚀，延长其使用寿命，在钢结构表面涂装防腐涂料是防腐蚀的有效手段之一。

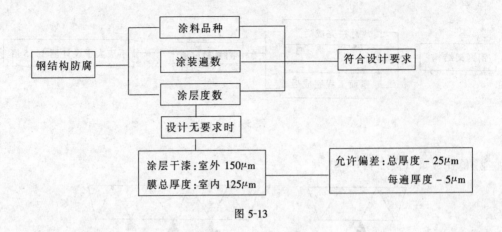

图 5-13

常用的防腐（涂料）品种主要有（为底漆或防腐漆）：

油性酚醛、氯磺化聚乙烯、有机硅、醇酸、环氧树脂、过氯乙烯、氯化橡胶、无机富锌等。

2．对防腐涂料原材料质量要求

（1）品种、规格、性能等符合现行国家标准。

（2）型号、名称、颜色及有效期与质量证明文件相符。开启后无结皮、结块、凝胶等现象。

3．涂装质量要求

构件表面不应缺涂、漏涂，涂层不应脱皮和返锈。

涂层应均匀，无明显皱皮、流坠、针眼和气泡等。

4．涂装完成后，构件的标志、标记、编号应清晰完整、不能涂盖。

四、措施

（1）严格按照设计要求选择防腐涂料的品种，并确保涂装遍数和涂层厚度要求。

（2）经测厚仪检验达不到厚度要求时，必须认真补涂。

五、检查方法

（1）检查原材料质量合格证明文件。

（2）检查干漆膜厚度检测记录。

5.12 第14.3.3条

一、条文内容

薄涂型防火涂料的涂层厚度应符合有关耐火极限的设计要求。厚涂型防火涂料涂层的厚度，80%及以上面积应符合有关耐火极限的设计要求，且最薄处厚度不应低于设计要求的85%。

检查数量：按同类构件数抽查10%，且均不应少于3件。

检验方法：用涂层厚度测量仪、测针和钢尺检查。测量方法应符合国家现行标准《钢结构防火涂料应用技术规程》CECS24:90的规定及本规范附录F。

二、图示（图5-14）

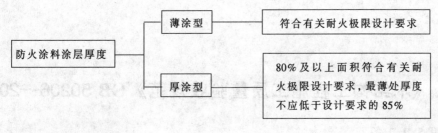

图 5-14

三、说明

1. 防火涂料的原材料质量要求

（1）防火涂料的品种和技术性能应符合设计要求，并经有资质的检测机构检测符合国家标准规定；

（2）防火涂料的型号、名称、颜色及有效期应与质量证明文件相符。开启后，不应存在结皮、结块、凝胶等现象；

（3）防火涂料的粘结强度、抗压强度应符合《钢结构防火涂料应用技术规程》CECS24：90 的规定。

2. 防火涂料的涂层质量要求

（1）薄涂型防火涂料涂层表面裂纹宽度不应大于 0.5mm；

（2）防火涂料不应有误涂、漏涂；涂层应闭合无脱层、空鼓、明显凹陷、粉化松散和浮浆等外观缺陷，乳突已剔除。

四、措施

（1）把好原材料进场检验关，对防火涂料进行复验。

（2）做好钢结构涂装前的基层表面处理。

（3）按设计要求进行涂装，确保涂层厚度。

五、检查要点

（1）检查防火涂料的质量合格证明文件及进场复验报告。

（2）检查涂层厚度记录。

6.《木结构工程施工质量验收规范》GB 50206—2002

6.1 第5.2.2条

一、条文内容

胶缝应检验完整性,并应按照表6-1规定胶缝脱胶试验方法进行。对于每个树种、胶种、工艺过程至少应检验5个全截面试件。脱胶面积与试验方法及循环次数有关,每个试件的脱胶面积所占的百分率应小于表6-2所列限值。

胶缝脱胶试验方法 表6-1

使用条件类别①	1		2		3
胶的型号②	Ⅰ	Ⅱ	Ⅰ	Ⅱ	Ⅰ
试验方法	A	C	A	C	A

注:①层板胶合木的使用条件根据气候环境分为3类:
　　1)类——空气温度达到20℃,相对湿度每年有2~3周超过65%,大部分软质树种木材的平均平衡含水率不超过12%;
　　2)类——空气温度达到20℃,相对湿度每年有2~3周超过85%,大部分软质树种木材的平均平衡含水率不超过20%;
　　3)类——导致木材的平均平衡含水率超过20%的气候环境,或木材处于室外无遮盖的环境中。
②胶的型号有Ⅰ型和Ⅱ型两种:
　　Ⅰ型可用于各类使用条件下的结构构件(当选用间苯二酚树脂胶或酚醛间苯二酚树脂胶时,结构构件温度应低于85℃)。
　　Ⅱ型只能用于1)类或2)类使用条件,结构构件温度应经常低于50℃(可选用三聚氰胺脲醛树脂胶)。

胶缝脱胶率(%) 表6-2

试验方法	胶的型号	循环次数		
		1	2	3
A	Ⅰ	—	5	10
C	Ⅱ	10	—	—

二、图示(图6-1)

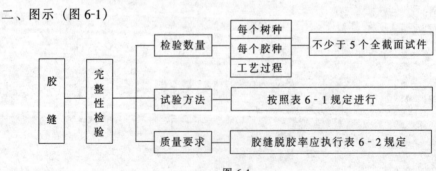

图6-1

三、说明

1. 胶缝完整性的重要性

层板胶合木的质量取决于如下三个条件：

(1) 层板的胶合质量（胶缝质量）；

(2) 层板的木材质量；

(3) 胶合的指形接头质量。

其中主要是层板的胶合质量，只要胶缝保持耐久的完整性，即使层板局部缺陷或指接传力效能稍低，相邻层板通过胶缝也能起到补偿作用，所以胶缝的完整性是非常重要的。

2. 胶缝

层板之间的胶合面叫做胶缝。

3. 对胶缝的质量要求

(1) 胶缝的完整性：按说明4的方法试验；

(2) 胶缝的厚度：控制在0.1~0.3mm之间，如局部有厚度超过0.3mm的胶缝，其长度应小于300mm，且最大厚度不应超过1mm；

(3) 胶缝局部未粘结段的长度，在构件剪力最大的部位不应大于75mm；在其他部位不应大于150mm。所有未粘结处，均不能有贯穿构件宽度的通缝。相邻两个未粘结段的净距，应不小于600mm；

(4) 以底层木板为准，各层板在宽度方向凸出或凹进不应超过2mm。

4. 胶缝完整性的常规检验

除了对于上述每个树种、胶种、工艺过程至少检验5个全截面试件体为见证试验外，为了控制生产全过程，对于每个工作班、从每个流程或每10m³产品中，随机抽取1个全截面试件，对胶缝完整性进行常规检验。

(1) 常规检验的胶缝完整性试验方法（表6-3）：

表6-3

使用条件类别①	1	2	3
胶的型号②	Ⅰ和Ⅱ	Ⅰ和Ⅱ	Ⅰ
试验方法	脱胶试验方法C或胶缝抗剪试验	脱胶试验方法C或脱缝抗剪试验	脱胶试验方法A或B

注：①②同表6-1。

(2) 每个试件的脱胶面积所占的百分率应小于表6-2和表6-4所列限值：

胶缝脱胶率（%） 表6-4

试 验 方 法	胶 的 类 型	循 环 次 数	
		1	2
B	Ⅰ	4	8

四、措施

(1) 严格按照试验方法进行胶缝的完整性检验，并做好试验报告；当脱胶率高于表6-2和表6-4规定时，该批为不合格，不能验收。

(2) 严格控制胶合工艺流程，如控制车间的温、湿度，层板含水率，用胶量，胶合压力等。

(3) 如进行胶缝完整性常规试验发现异常现象，要及时调整工艺流程。

五、检查要点

(1) 检查用胶的出厂质量合格证明及其胶粘力、耐水性、耐久性等性能检测报告。

(2) 检查胶缝完整性的试验报告。

6.2 第6.2.1条

一、条文内容

规格材的应力等级检验应满足下列要求：

(1) 对于每个树种、应力等级、规格尺寸至少应随机抽取 15 个足尺试件进行侧立受弯试验，测定抗弯强度。

(2) 根据全部试验数据统计分析后求得的抗弯强度设计值应符合规定。

二、图示（图6-2）

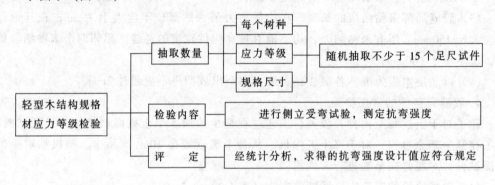

图 6-2

三、说明

(1) 轻型木结构的主要承重构件采用不同规格尺寸的规格材，又以侧立受弯构件为主，因此要求分别按不同的树种、不同的应力等级和规格尺寸，随机抽样测定抗弯强度。

(2) 轻型木结构用规格材材质标准执行《木结构设计规范》GB50005—2002 的相关规定。

四、措施

(1) 严格按照规定抽取试件检验规格材抗弯强度。

(2) 对达不到强度指标的不合格规格木材，要全部剔除，不能使用。

五、检查要点

检查抗弯强度试验报告。

6.3 第7.2.1条

一、条文内容

木结构防腐的构造措施应符合设计要求。

检查数量：以一幢木结构房屋或一个木屋盖为检验批全面检查。
检查方法：根据规定和施工图逐项检查。

二、图示（图6-3）

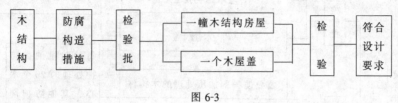

图6-3

三、说明

为了防止木结构受潮引起木材腐朽，设计时必须从构造上采取防潮和通风等防腐措施：

（1）在桁架和大梁的支座下设置防潮层，在木挂上设置挂墩，并严禁将木挂直接埋入土中。

（2）为保证木结构有适当的通风条件，不应将桁架支座节点或木构件封闭在砌体、保温层或其他通风不良的环境中。

（3）处于房屋隐蔽部分的木结构，应设通风孔洞。

（4）对露天结构在构造上应避免任何部分有积水的可能，并应在构件之间留有空隙（连接部位除外），使木材易于通风干燥。

（5）为防止木材表面产生水汽凝结，当室内外温差很大时，房屋的围护结构（包括保温吊顶）应采取有效的保温和隔汽措施。

（6）除采取防腐构造措施外，对设计文件有要求的还应进行防护剂处理。

四、措施

（1）设计单位必须在施工图中提出木结构的防腐构造措施。如施工图纸中未考虑防腐构造措施，监理、施工、建设单位应在图纸会审时提出意见补加措施。

（2）施工、监理等单位应加强工序检查。

五、检查要点

（1）检查施工图纸防腐构造措施。

（2）根据图纸要求，逐项检查防腐构造措施落实情况及记录。

6.4 第7.2.2条

一、条文内容

木构件防护剂的保持量和透入度应符合下列规定：

（1）根据设计文件的要求，需要防护剂加压处理的木构件，包括锯材、层板胶合木、结构复合木材及结构胶合板制作的构件。

（2）木麻黄、马尾松、云南松、桦木、湿地松、杨木等易腐或易虫蛀木材制作的构件。

（3）在设计文件中规定与地面接触或埋入混凝土、砌体中及处于通风不良而经常潮湿的木构件。

二、图示（图6-4）

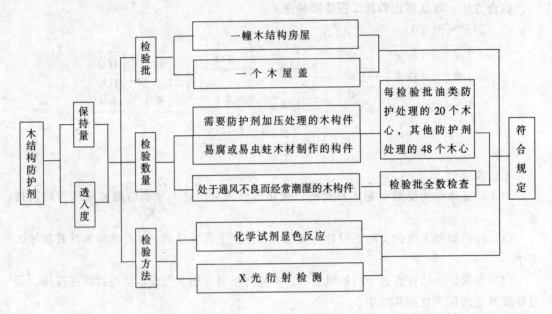

图6-4

三、说明

1. 对防护剂的性能要求：
（1）具有毒杀木腐菌和害虫的功能；
（2）不能危及人畜和污染环境。

2. 需要防护剂加压处理的木构件包括锯材、层板胶合木、结构复合木材及结构胶合板制作的构件。

易腐构件包括木麻黄、马尾松、云南松、桦木、湿地松、杨木等。

处于防护剂加压处理的构件是指在设计文件中规定与地面接触或埋入混凝土、砌体中及处于通风不良而经常潮湿的木构件。

3. 防护剂的种类（表6-5）

表6-5

类型	防护剂		计量依据
	名 称		
油类	混合防腐油	Creosote	101 102 103	溶液
油溶性	五氯酚	Penta	104 105	主要成分
	8-羟基喹啉铜	Cu8	106	
	环烷酸铜	CuN	107	金属铜

续表

类型	防护剂 名称			计量依据
水溶性	铜铬砷合剂	CCA – A CCA – B CCA – C	201	主要成分
	酸性铬酸铜	ACC	202	
	氨溶砷酸铜	ACA	301	
	氨溶砷酸铜锌	ACZA	302	
	氨溶季铵铜	ACQ – B	304	
	柠檬酸铜	CC	306	
	氨溶季铵铜	ACQ – D	401	
	铜 唑	CBA – A	403	
	硼酸/硼砂	SBX	501	

注：下述防护剂应限制其使用范围：
①混合防腐油和五氯酚：
　　只用于与地（或土壤）接触的房屋构件防腐和防虫，应用两层可靠的包皮密封，不得用于居住建筑的内部和农用建筑的内部，以防与人畜直接接触；并不得用于储存食品的房屋或能与饮用水接触的处所。
②含砷的无机盐：
　　可用于居住、商业或工业房屋的室内，只需在构件处理完毕后将所有的浮尘清除干净，但不得用于储存食品的房屋或能与饮用水接触的处所。

4．防护剂处理木材的方法

$$\begin{cases} 浸渍法 \begin{cases} 非加压处理法 \begin{cases} 常温浸渍法 \\ 冷热槽法 \end{cases} 用于腐朽和虫害轻微的使用环境 HJ I 中 \\ 加压处理法——用于要求能保证足够的防护剂透入度的情况 \end{cases} \\ 喷洒法 \\ 涂刷法 \end{cases} 用于已处理的木材，因钻孔、开槽使未吸收防护剂的木材暴露的情况$$

5．防护剂的保持量规定

（1）锯材的防护剂及其在每级使用环境下的最低保持量（表 6-6）：

表 6-6

防护剂			计量依据	保持量（kg/m³）			检测区段（mm）	
类型	名称			使用环境			木材厚度	
				HJ I	HJ II	HJ III	<127mm	≥127mm
油类	混合防腐油	Creosote	101 102 103	溶液	128	160	192	0～15	0～25
油溶性	五氯酚	Penta	104 105	主要	6.4	8.0	8.0	0～15	0～25
	8-羟基喹啉铜	Cu8	106	成分	0.32	不推荐	不推荐	0～15	0～25
	环烷酸铜	CuN	107	金属铜	0.64	0.96	1.20	0～15	0～25

续表

类型	防护剂 名称		计量依据	保持量（kg/m³） 使用环境			检测区段（mm） 木材厚度	
				HJⅠ	HJⅡ	HJⅢ	<127mm	≥127mm
水溶性	铜铬砷合剂	CCA-A CCA-B 201 CCA-C	主要成分	4.0	6.4	9.6	0~15	0~25
	酸性铬酸	ACC 202		4.0	8.0	不推荐	0~15	0~25
	氨溶砷酸铜	ACA 203		4.0	6.4	9.6	0~15	0~25
	氨溶砷酸铜锌	ACZA 302		4.0	6.4	9.6	0~15	0~25
	氨溶季铵铜	ACQ-B 304		4.0	6.4	9.6	0~15	0~25
	柠檬酸铜	CC 306		4.0	6.4	不推荐	0~15	0~25
	氨溶季铵铜	ACQ-D 401		4.0	6.4	不推荐	0~15	0~25
	铜唑	CBA-A 403		3.2	不推荐	不推荐	0~15	0~25
	硼酸/硼砂*	SBX 501		2.7	不推荐	不推荐	0~15	0~25

* 硼酸/硼砂仅限用于无白蚁地区的室内木结构。

（2）层板胶合木的防护剂及其在每级使用环境下的最低保持量（kg/m³）（表6-7、表6-8）：

表6-7

类型	防护剂 名称		计量依据	胶合前处理 使用环境			检测区段（mm）
				HJⅠ	HJⅡ	HJⅢ	
油类	混合防腐	Creosote 101 102 103	溶液	128	160	不推荐	13~26
油溶性	五氯酚	Penta 104 105	主要成分	4.8	9.6	不推荐	13~26
	8-羟基喹啉铜	Cu8 106		0.32	不推荐		13~26
	环烷酸铜	CuN 107	金属铜	0.64	0.96		13~26
水溶性	铜铬砷合剂	CCA-A CCA-B 201 CCA-C	主要成分	4.0	6.4		13~26
	酸性铬酸铜	ACC 202	主要成分	4.0	8.0		13~26
	氨溶砷酸铜	ACA 301		4.0	6.4		13~26
	氨溶砷酸铜锌	ACZA 302		4.0	6.4		13~26

注：用胶合前防护剂处理的木板制作的层板胶合梁在测定透入度时，可从每块层板的两侧采样。

（3）胶合板的防护剂及其在每个等级使用环境下的最低保持量（表6-9）：

表 6-8

防护剂			计量依据	胶合后处理			检测区段 (mm)
类型	名 称			使用环境			
				HJⅠ	HJⅡ	HJⅢ	
油类	混合防腐	Creosote	101	溶液	128	160	不推荐	0~15
			102					
			103		128	160		0~15
油溶性	五氯酚	Penta	104	主要成分	4.8	9.6		0~15
			105					
	8-羟基喹啉铜	Cu8	106		0.32	不推荐		0~15
	环烷酸铜	CuN	107	金属铜	0.64	0.96		0~15

表 6-9

防护剂			计量依据	保持量（kg/m³）			检测区段 (mm)
类型	名 称			使用环境			
				HJⅠ	HJⅡ	HJⅢ	
油类	混合防腐油	Creosote	101	溶液	128	160	192	0~16
			102					
			103					
油溶性	五氯酚	Penta	104	主要成分	6.4	8.0	9.6	0~16
			105					
	8-羟基喹啉铜	Cu8	106		0.32	不推荐	不推荐	0~16
	环烷酸铜	CuN	107	金属铜	0.64	不推荐	不推荐	0~16
水溶性	铜铬砷合剂	CCA-A -B -C	201	主要成分	4.0	6.4	9.6	0~16
	酸性铬酸	ACC	202		4.0	8.0	不推荐	0~16
	氨溶砷酸铜	ACA	203		4.0	6.4	9.6	0~16
	氨溶砷酸铜锌	ACZA	302		4.0	6.4	9.6	0~16
	氨溶季铵铜	ACQ-B	304		4.0	6.4	不推荐	0~16
	柠檬酸铜	CC	306		4.0	不推荐	不推荐	0~16
	氨溶季铵铜	ACQ-D	401		4.0	6.4	不推荐	0~16
	铜唑	CBA-A	403		3.3	不推荐	不推荐	0~16
	硼酸/硼砂	SBX	501		2.7	不允许	不允许	0~16

（4）结构复合木材的防护剂及其在每个等级使用环境下的最低保持量（表 6-10）：

表 6-10

防护剂			计量依据	保持量（kg/m³）			检测区段（mm）	
类型	名 称			使用环境			木材厚度	
				HJⅠ	HJⅡ	HJⅢ	<127mm	≥127mm
油 类	混合防腐油	Creosote	101 102 103	溶液	128	160	192	0~15	0~25
油溶性	五氯酚	Penta	104 105	主要成分	6.4	8.0	9.6	0~15	0~25
	环烷酸铜	CuN	107	金属铜	0.64	0.96	1.20	0~15	0~25
水溶性	铜铬砷合剂	CCA-A -B -C	201	主要成分	4.0	6.4	9.6	0~15	0~25
	氨溶砷酸铜	ACA	203		4.0	6.4	9.6	0~15	0~25
	氨溶砷酸铜锌	ACZA	302		4.0	6.4	9.6	0~15	0~25

6. 防护剂的透入度规定

（1）锯材防护剂透入度检测规定与要求（表6-11）：

表 6-11

木材特征	透入深度（mm）或边材吸收率		钻孔采样数量		试样合格率
	木材厚度		油 类	其他防护剂	
	<127mm	≥127mm			
不刻痕	64 或 85%	64 或 85%	20	48	80%
刻 痕	10 或 90%	13 或 90%	20	48	80%

注：①刻痕：刻痕是对难于处理的树种木材保证防护剂更均匀透入的一项辅助措施。对于方木和原木每100cm²至少80个刻痕，对于规格材刻痕深度5~10mm。当采用含氨的防护剂（301、302、304和306）时可适当减少。构件的所有表面都应刻痕，除非构件侧面有图饰时，只能在宽面刻痕。

②透入度的确定：当只规定透入深度或边材透入百分率时，应理解为二者之中较小者，例如要求64mm的透入深度除非85%的边材都已经透入防护剂；当透入深度和边材透入百分率都作规定时，则应取二者之中的较大者，例如要求10mm的透入深度和90%的边材透入百分率，应理解10mm为最低的透入深度，而超过10mm任何边材的90%必须透入。

一块锯材的最大透入度当从侧边（指窄面）钻取木心时，不应大于构件宽度的一半，若从宽面钻取木心时，不应大于构件厚度的一半。

③当20个木心的平均透入度满足要求，则这批构件应验收。

④在每一批量中，最少应从20个构件中各钻取一个有外层边材的木心。至少有10个木心必须最少有13mm的边材渗透防护剂。没有足够边材的木心在确定透入度的百分率时，必须具有边材处理的证据。

（2）层板胶合木防护剂透入度检测规定与要求（表6-12）：

表 6-12

木材特征	胶合前处理		胶合后处理	
	透入深度（mm）或边材吸收率			
不刻痕	76 或 90%		64% 或 85%	
刻　痕	地面以上	与地面接触	木材厚度 $t < 127mm$	木材厚度 $t \geqslant 127mm$
	25	32	10% 与 90%	13% 与 90%

四、措施

(1) 在各方技术人员参加下，严格按规定对木构件的防护剂保持量和透入度进行检测，并做好检测记录。

(2) 对防护剂的保持量和透入度，达不到规定时，不得验收。

五、检查要点

(1) 检查防护剂的类型、名称、产品质量合格证明和性能检测报告。

(2) 检查防护剂对木材的保持量和透入度检测记录。

6.5 第7.2.3条

一、条文内容

木结构防火的构造措施，应符合设计文件的要求。

二、图示（图6-5）

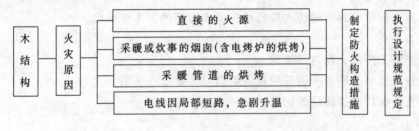

图 6-5

三、说明

1. 为了防止木结构遭受火灾的危险，在设计上除应遵守《建筑设计防火规范》规定外，尚应采取防火构造措施。

2. 主要防火构造措施

(1) 在有火源的房屋内，设置防止火焰、火星及辐射热危害的防火设施（如防火隔墙、防火幕、石棉隔板等），使木结构与火源隔开，被隔开的木结构仍应具有通风条件，不能将结构包裹在防火层内；

(2) 当房屋中有采暖或炊事的砖烟囱时，与木构件相邻部位的烟囱壁厚度应加厚至240mm；

烟囱外表面与木构件之间的净距，不应小于下列规定：

　　对于砖或混凝土烟囱：120mm

对于金属烟囱： 240mm

当烟囱穿过木屋盖的吊顶时，在烟囱周围500mm范围内，不能采用可燃材料做保温层；

（3）当房屋有采暖管道通过木构件时，其管壁表面宜与木构件保持不小于50mm的净距（当采暖管道的温度超过100℃，此净距尚应适当加大），或用非燃烧材料隔热；

（4）木屋盖吊顶内的电线，应采用金属管配线，或使用带金属保护层的绝缘导线。白炽灯、卤钨灯、荧光高汞灯及其镇流器等不应直接安装在木构件上；

（5）有可能遭受火灾危险的木结构，宜采用刨光的方木（包括胶合木）或原木制作；木屋盖的吊顶及木隔墙等应采用抹灰或设置水泥石棉板、石膏板等防火措施；保温和隔声材料宜采用非燃烧材料（如矿棉、炉渣等）制作。

3．木构件需做阻燃处理时，应符合下列规定

（1）阻燃剂的配方和处理方法应遵照国家标准《建筑设计防火规范》GB50016和设计对不同用途和截面尺寸的木构件耐火极限要求选用，但不得采用表面涂刷法；

（2）对于长期暴露在潮湿环境中的木构洱海，经过防火处理后，尚应进行防水处理。

四、措施

（1）设计单位必须在图纸中考虑木结构的防火构造措施。

（2）如图纸中未考虑防火构造措施，监理、施工、建设单位应在图纸会审中提出补加措施。

（3）施工完毕后，以一幢木结构房屋或一个木屋盖为检验批，全面检查其防火构造措施落实情况，并做好记录。

（4）对施工图中已列出的防火构造措施而未实施的，不能验收。

五、检查要点

（1）检查施工图防火构造措施。

（2）检查阻燃剂的质量合格证明和消防部门鉴定批准证明。

（3）检查防火构造措施检查记录。

7.《屋面工程质量验收规范》GB 50207—2002

7.1 第3.0.6条

一、条文内容

屋面工程所采用的防水、保温隔热材料应有产品合格证书和性能检测报告，材料的品种、规格、性能等应符合现行国家产品标准和设计要求。

二、图示（图7-1）

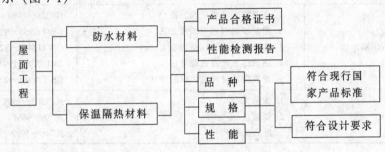

图 7-1

三、说明

1. 现行建筑防水工程材料标准（表7-1）

表 7-1

类别	标准名称	标准号
沥青和改性沥青防水卷材	1. 石油沥青纸胎油毡、油纸 2. 石油沥青玻璃纤维胎油毡 3. 石油沥青玻璃布胎油毡 4. 铝箔面油毡 5. 改性沥青聚乙烯胎防水卷材 6. 沥青复合胎柔性防水卷材 7. 自粘橡胶沥青防水卷材 8. 弹性体改性沥青防水卷材 9. 塑性体改性沥青防水卷材	GB326—89 GB/T14686—93 JC/T84—1996 JC/T504—1992（1996） JC/T633—1996 JC/T690—1998 JC/T840——1999 GB18242—2000 GB18243—2000
高分子防水卷材	1. 聚氯乙烯防水卷材 2. 氯化聚乙烯防水卷材 3. 氯化聚乙烯—橡胶共混防水卷材 4. 三元丁橡胶防水卷材 5. 高分子防水材料（第一部分片材）	GB12952—91 GB12953—91 JC/T684—1997 JC/T645—1996 GB18173.1—2000
防水涂料	1. 聚氨酯防水涂料 2. 溶剂型橡胶沥青防水涂料 3. 聚合物乳液建筑防水涂料 4. 聚合物水泥防水涂料	JC/T500—1992（1996） JC/T852—1999 JC/T864—2000 JC/T894—2001

续表

类别	标准名称	标准号
密封材料	1. 建筑石油沥青 2. 聚氨酯建筑密封膏 3. 聚硫建筑密封膏 4. 丙烯酸建筑密封膏 5. 建筑防水沥青嵌缝油膏 6. 聚氯乙烯建筑防水接缝材料 7. 建筑用硅酮结构密封胶	GB494—85 JC/T482—1992（1996） JC/T483—1992（1996） JC/T484—1992（1996） JC/T207—1996 JC/T798—1997 GB16776—1997
刚性防水材料	1. 砂浆、混凝土防水剂 2. 混凝土膨胀剂 3. 水泥基渗透结晶型防水材料	JC474—92（1999） JC476—92（1998） GB18445—2001
防水材料试验方法	1. 沥青防水卷材试验方法 2. 建筑胶粘剂通用试验方法 3. 建筑密封材料试验方法 4. 建筑防水涂料试验方法 5. 建筑防水材料老化试验方法	GB328—1989 GB/T12954—91 GB/T13477—92 GB16777—1997 GB/T18244—2000
瓦	1. 油毡瓦 2. 烧结瓦 3. 混凝土平瓦	JC/T503—1992（1996） JC709—1998 JC746—1999

2. 防水材料现场抽样复验项目（表7-2）

表7-2

序号	材料名称	现场抽样数量	外观质量检验	物理性能检验
1	沥青防水卷材	大于1000卷抽5卷，每500～1000卷抽4卷，100～499卷抽3卷，100卷以下抽2卷，进行规格尺寸和外观质量检验。在外观质量检验合格的卷材中，任取1卷作物理性能检验	孔洞、硌伤、露胎、涂盖不匀，折纹、皱折、裂纹、裂口、缺边，每卷卷材的接头	纵向拉力，耐热度，柔度，不透水性
2	高聚物改性沥青防水卷材	同1	孔洞、缺边、裂口、边缘不整齐、胎体露白、未浸透、撒布材料粒度、颜色，每卷卷材的接头	拉力，最大拉力时延伸率，耐热度，低温柔度，不透水性
3	合成高分子防水卷材	同1	折痕，杂质，胶块，凹痕，每卷卷材的接头	断裂拉伸强度，扯断伸长率，低温弯折，不透水性
4	石油沥青	同一批至少抽一次	—	针入度，延度，软化点
5	沥青玛琋脂	每工作班至少抽一次	—	耐热度，柔韧性，粘结力
6	高聚物改性沥青防水涂料	每10t为一批，不足10t按一批抽样	包装完好无损，且标明涂料名称、生产日期、生产厂名、产品有效期；无沉淀、凝胶、分层	固含量，耐热度，柔性，不透水性，延伸

续表

序号	材料名称	现场抽样数量	外观质量检验	物理性能检验
7	合成高分子防水涂料	同6	包装完好无损,且标明涂料名称、生产日期、生产厂名、产品有效期	固体含量,拉伸强度,断裂延伸率,柔性,不透水性
8	胎体增强材料	每3000m²为一批,不足3000m²按一批抽样	均匀,无团状,平整,无折皱	拉力,延伸率
9	改性石油沥青密封材料	每2t为一批,不足2t按一批抽样	黑色均匀膏状,无结块和未浸透的填料	耐热度,低温柔性,拉伸粘结性,施工度
10	合成高分子密封材料	每1t为一批,不足1t按一批抽样	均匀膏状物,无结皮、凝胶或不易分散的固体团状	拉伸粘结性,柔性
11	平瓦	同一批至少抽一次	边缘整齐,表面光滑,不得有分层、裂纹、露砂	—
12	油毡瓦	同一批至少抽一次	边缘整齐,切槽清晰,厚薄均匀,表面无孔洞、硌伤、裂纹、折皱及起泡	耐热度,柔度
13	金属板材	同一批至少抽一次	边缘整齐,表面光滑,色泽均匀,外形规则,不得有扭翘、脱膜、锈蚀	—

3. 屋面工程防水卷材质量指标
(1) 高聚物改性沥青防水卷材外观质量(表7-3):

表7-3

项目	质量要求
孔洞、缺边、裂口	不允许
边缘不整齐	不超过10mm
胎体露白、未浸透	不允许
撒布材料粒度、颜色	均匀
每卷卷材的接头	不超过1处,较短的一段不应小于1000mm,接头处应加长150mm

(2) 高聚物改性沥青防水卷材物理性能(表7-4):

表7-4

项目	性能要求		
	聚酯毡胎体	玻纤胎体	聚乙烯胎体
拉力(N/50mm)	≥450	纵向≥350,横向≥250	≥100
延伸率(%)	紧大拉力时,≥30	—	断裂时,≥200
耐热度(℃,2h)	SBS卷材90,APP卷材110,无滑动、流淌、滴落		PEE卷材90,无流淌、起泡
低温柔度(℃)	SBS卷材-18,APP卷材-5,PEE卷材-10。3mm厚,$r=15mm$;4mm厚,$r=25mm$;3s,弯180°,无裂纹		

续表

项目		性能要求		
		聚酯毡胎体	玻纤胎体	聚乙烯胎体
不透水性	压力（MPa）	≥0.3	≥0.2	≥0.3
	保持时间（min）	≥30		

注：SBS——弹性体改性沥青防水卷材；APP——塑性体改性沥青防水卷材；
PEE——改性沥青聚乙烯胎防水卷材。

（3）合成高分子防水卷材外观质量（表7-5）：

表7-5

项目	质量要求
折痕	每卷不超过2处，总长度不超过20mm
杂质	大于0.5mm颗粒不允许，每1m^2不超过9mm^2
胶块	每卷不超过6处，每处面积不大于4mm^2
凹痕	每卷不超过6处，深度不超过本身厚度的30%；树脂类深度不超过15%
每卷卷材的接头	橡胶类每20m不超过1处，较短的一段不应小于3000mm，接头处应加长150mm；树脂类20m长度内不允许有接头

（4）合成高分子防水卷材物理性能（表7-6）：

表7-6

项目		性能要求			
		硫化橡胶类	非硫化橡胶类	树脂类	纤维增强类
断裂拉伸强度（MPa）		≥6	≥3	≥10	≥9
扯断伸长率（%）		≥400	≥200	≥200	≥10
低温弯折（℃）		-30	-20	-20	-20
不透水性	压力（MPa）	≥0.3	≥0.2	≥0.3	≥0.3
	保持时间（min）	≥30			
加热收缩率（%）		<1.2	<2.0	<2.0	<1.0
热老化保持率（80℃，168h）	断裂拉伸强度	≥80%			
	扯断伸长率	≥70%			

（5）沥青防水卷材外观质量（表7-7）：

表7-7

项目	质量要求
孔洞、硌伤	不允许
露胎、涂盖不匀	不允许
折纹、皱折	距卷芯1000mm以外，长度不大于100mm

续表

项 目	质 量 要 求
裂纹	距卷芯1000mm以外，长度不大于10mm
裂口、缺边	边缘裂口小于20mm；缺边长度小于50mm，深度小于20mm
每卷卷材的接头	不超过1处，较短的一段不应小于2500mm，接头处应加长150mm

(6) 沥青防水卷材物理性能（表7-8）：

表7-8

项 目		性 能 要 求	
		350号	500号
纵向拉力（25±2℃）(N)		≥340	≥440
耐热度（85±2℃，2h）		不流淌，无集中性气泡	
柔度（18±2℃）		绕φ20mm圆棒无裂纹	绕φ25mm圆棒无裂纹
不透水性	压力（MPa）	≥0.10	≥0.15
	保持时间（min）	≥30	≥30

(7) 卷材胶粘剂的质量应符合下列规定：

①改性沥青胶粘剂的粘结剥离强度不应小于8N/10mm；

②合成高分子胶粘剂的粘结剥离强度不应小于15N/10mm，浸水168h后的保持率不应小于70%；

③双面胶粘带剥离状态下的粘合性不应小于10N/25mm，浸水168h后的保持率不应小于70%。

4. 屋面工程防水涂料质量指标

(1) 高聚物改性沥青防水涂料物理性能（表7-9）：

表7-9

项 目		性 能 要 求
固体含量（%）		≥43
耐热度（80℃，5h）		无流淌、起泡和滑动
柔性（-10℃）		3mm厚，绕φ20mm圆棒无裂纹、断裂
不透水性	压力（MPa）	≥0.1
	保持时间（min）	≥30
延伸（20±2℃拉伸，mm）		≥4.5

(2) 合成高分子防水涂料的物理性能（表7-10）：

表 7-10

项 目		性 能 要 求		
		反应固化型	挥发固化型	聚合物水泥涂料
固体含量（%）		≥94	≥65	≥65
拉伸强度（MPa）		≥1.65	≥1.5	≥1.2
断裂延伸率（%）		≥350	≥300	≥200
柔性（℃）		−30，弯折无裂纹	−20，弯折无裂纹	−10，绕φ10mm棒无裂纹
不透水性	压力（MPa）	≥0.3		
	保持时间（min）	≥30		

(3) 胎体增强材料质量要求（表 7-11）：

表 7-11

项 目		质 量 要 求		
		聚酯无纺布	化纤无纺布	玻纤网布
外 观		均匀，无团状，平整无折皱		
拉力（N/50mm）	纵 向	≥150	≥45	≥90
	横 向	≥100	≥35	≥50
延伸率（%）	纵 向	≥10	≥20	≥3
	横 向	≥20	≥25	≥3

5. 屋面工程密封材料质量指标

(1) 改性石油沥青密封材料物理性能（表 7-12）：

表 7-12

项 目		性 能 要 求	
		Ⅰ	Ⅱ
耐 热 度	温度（℃）	70	80
	下垂值（mm）	≤4.0	
低温柔性	温度（℃）	−20	−10
	粘结状态	无裂纹和剥离现象	
拉伸粘结性（%）		≥125	
浸水后拉伸粘结性（%）		≥125	
挥发性（%）		≤2.8	
施工度（mm）		≥22.0	≥20.0

注：改性石油沥青密封材料按耐热度和低温柔性分为Ⅰ类和Ⅱ类。

(2) 合成高分子密封材料物理性能（表 7-13）：

表 7-13

项目		性能要求	
		弹性体密封材料	塑性体密封材料
拉伸粘结性	拉伸强度（MPa）	≥0.2	≥0.02
	延伸率（%）	≥200	≥250
柔性（℃）		-30，无裂纹	-20，无裂纹
拉伸-压缩循环性能	拉伸-压缩率（%）	≥±20	≥±10
	粘结和内聚破坏面积（%）		≤25

6. 屋面工程保温材料质量指标

(1) 松散保温材料质量要求（表 7-14）：

表 7-14

项目	膨胀蛭石	膨胀珍珠岩
粒径	3~15mm	≥0.15mm 的含量不大于8%
堆积密度	≤300kg/m³	≤120kg/m³
导热系数	≤0.14W/(m·K)	≤0.07W/(m·K)

(2) 板状保温材料质量要求（表 7-15）：

表 7-15

项目	聚苯乙烯泡沫塑料类		硬质聚氨酯泡沫塑料	泡沫玻璃	微孔混凝土类	膨胀蛭石（珍珠岩）制品
	挤压	模压				
表观密度（kg/m³）	≥32	15~30	≥30	≥150	500~700	300~800
导热系数［W/(m·K)］	≤0.03	≤0.041	≤0.027	≤0.062	≤0.22	≤0.26
抗压强度（MPa）	—	—	—	≥0.4	≥0.4	≥0.3
在10%形变下的压缩应力（MPa）	≥0.15	≥0.06	≥0.15	—	—	—
70℃，48h 后尺寸变化率（%）	≤2.0	≤5.0	≤5.0	≤0.5		
吸水率（V/V,%）	≤1.5	≤6	≤3	≤0.5		
外观质量	板的外形基本平整，无严重凹凸不平；厚度允许偏差为5%，且不大于4mm					

四、措施

(1) 按设计要求选用防水、保温隔热材料。
(2) 防水、保温隔热材料的进场检验应执行见证取样和送检制度。
(3) 新材料应经省级及其以上有关部门鉴定通过后推广使用。

五、检查要点

(1) 检查产品合格证明、性能检测报告。
(2) 检查抽样复试报告。

7.2 第4.1.8条

一、条文内容

屋面（含天沟、檐沟）找平层的排水坡度，必须符合设计要求。

二、图示（图7-2）

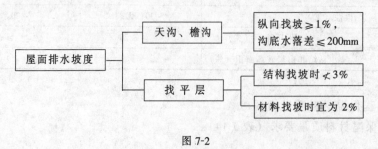

图7-2

三、说明

（1）天沟、檐沟排水不允许坡向变形缝和防火墙。

（2）水落口杯的标高应设置在沟底的最低处，同时应为增加附加层和柔性密封层厚度及加大排水坡度而留有余量。

四、措施

（1）施工前按屋面防水路线将屋面汇水面积划出分水线，做出标志。

（2）保证水落口杯的埋设标高应比天沟找平层低30mm，如高出沟底应凿除重做。水落口周围500cm范围内坡度应大于5%。

五、检查要点

（1）用水平仪、拉线和尺量测量屋面排水坡度。

（2）检查屋面找平层质量验收记录。

7.3 第4.2.9条

一、条文内容

保温层的含水率必须符合设计要求。

二、图示（图7-3）

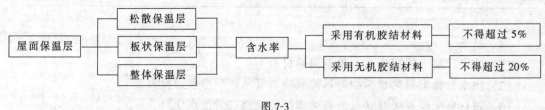

图7-3

三、说明

1.保温材料的质量要求

（1）吸水率低；

(2) 表观密度和导热系数小；
(3) 有一定强度。

2．含水率的规定
(1) 由于各地环境、湿度不同，无法给出一个统一的含水率标准；
(2) 封闭式保温层的含水率应相当于该材料在当地自然风干状态下的平衡含水率。

3．保温层含水率过大且不易干燥时，采取的措施。
(1) 对封闭式保温层采用排汽屋面做法；
(2) 对倒置式屋面：将保温层置于防水层上面，直接暴露于大气中，但必须使用低吸水率和长期浸水不腐烂的材料。如：闭孔泡沫玻璃、聚苯泡沫板、硬质聚氨酯泡沫板等。为防止保温层在雨水后上浮应在上面用水泥砂浆、混凝土块或卵石做保护层，但必须注意过量超载，加大屋面荷载。

四、措施
(1) 保温材料应采取防雨、防潮措施，做到分类堆放，防止混杂。
(2) 铺设保温层的基层应平整、干燥和干净。
(3) 施工中，下雨、下雪应采取遮盖措施。
(4) 保温层施工完毕应及时进行下一道工序，完成上部防水层的施工。

五、检查要点
(1) 检查保温材料出厂合格证明、质量检验报告。
(2) 检查现场抽样检验报告。
(3) 检查保温层质量验收记录。

7.4 第4.3.16条

一、条文内容
卷材防水层不得有渗漏或积水现象

二、图示（图7-4）

图7-4

三、说明

1．屋面坡度应符合设计要求

2．卷材铺贴方向应符合下列规定
(1) 屋面坡度小于3%时，卷材宜平行屋脊铺贴；
(2) 屋面坡度在3%～15%时，卷材可平行或垂直屋脊铺贴；
(3) 屋面坡度大于15%或屋面受震动时，沥青防水卷材应垂直屋脊铺贴；
高聚物改性沥青防水卷材和合成高分子防水卷材可平行或垂直屋脊铺贴；
(4) 上下层卷材不能相互垂直铺贴。

3．卷材的厚度应符合下列规定（表7-16）

表 7-16

屋面防水等级	设 防 道 数	合成高分子防水卷材	高聚物改性沥青防水卷材	沥青防水卷材
Ⅰ级	三道或三道以上设防	不应小于1.5mm	不应小于1.5mm	—
Ⅱ级	二道设防	不应小于1.5mm	不应小于1.5mm	—
Ⅲ级	一道设防	不应小于1.5mm	不应小于1.5mm	三毡四油
Ⅳ级	一道设防	—	—	二毡三油

4．卷材的搭接宽度应符合下列规定（表7-17）

表 7-17

卷材种类	铺贴方法	短边搭接（mm）		长边搭接（mm）	
		满粘法	空铺、点粘、条粘法	满粘法	空铺、点粘、条粘法
沥青防水卷材		100	150	70	100
高聚物改性沥青防水卷材		80	100	80	100
合成高分子防水卷材	胶粘剂	80	100	80	100
	胶粘带	50	60	50	60
	单缝焊	60，有效焊接宽度不小于25			
	双缝焊	80，有效焊接宽度10×2+空腔宽			

注、上下层及相邻两幅卷材的搭接缝应错开。

5．卷材接缝口应用密封材料封严，宽度不应小于10mm

6．卷材防水层在天沟、檐沟、檐口、女儿墙、水落口、泛水、变形缝和伸出屋面管道的细部构造应符合设计要求。

四、措施

（1）施工中随时检查铺贴方向、搭接宽度及细部构造处理。

（2）监理人员实施旁站监理。

五、检查要点

（1）检查防水材料出厂合格证明及复试报告。

（2）检查隐蔽工程验收记录。

（3）检查屋面有无渗漏和积水、排水系统是否通畅，可在雨后或持续淋水2h后进行；有可能做蓄水检验的，其蓄水时间不应小于24h。

7.5 第 5.3.10 条

一、条文内容

涂膜防水层不得有渗漏或积水现象。

二、图示（图 7-5）

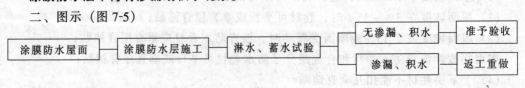

图 7-5

三、说明

1. 屋面坡度符合设计要求
2. 涂膜防水施工应符合下列规定

（1）涂膜应根据防水涂料的品种分层分遍涂布，不能一次涂成；

（2）应待先涂的涂层干燥成膜后，方可涂后一遍涂料；

（3）需铺设胎体增强材料时，屋面坡度小于15%，可平行屋脊铺设；屋面坡度大于15%，应垂直于屋脊铺设；

（4）胎体长边搭接宽度不应小于50mm，短边搭接宽度不应小于70mm；

（5）采用二层胎体增强材料时，上下层不能相互垂直铺设，搭接缝应错开，其间距不应小于幅度的1/3。

3. 涂膜厚度应符合下列要求（表7-18）

表-18

屋面防水等级	设 防 道 数	合成高分子防水涂料	高聚物改性沥青防水涂料
Ⅰ级	三道或三道以上设防	不应小于1.5mm	—
Ⅱ级	二道设防	不应小于1.5mm	不应小于3mm
Ⅲ级	一道设防	不应小于2mm	不应小于3m
Ⅳ级	一道设防	—	不应小于2mm

注：涂膜防水层的平均厚度应符合设计要求，最小厚度不应小于设计厚度的80%。

4. 天沟、檐沟、檐口、泛水和立面涂膜防水层的收头，应用防水涂料多遍涂刷或用密封材料封严。

四、措施

（1）施工中随时尺量检查胎体搭接宽度及细部构造处理。

（2）监理人员实施旁站监理。

五、检查要点

（1）检查防水涂料和胎体增强材料的出厂合格证明和复试报告。

（2）检查隐蔽工程验收记录。

（3）观察检查防水层与基层是否粘结牢固、表面平整、涂刷均匀、有无流淌、皱折、鼓泡、露胎体和翘边等缺陷。

（4）检查屋面有无渗漏和积水、排水系统是否通畅，可在雨后或持续淋水2h后进行；有可能做蓄水检验的，其蓄水时间不应小于24h。

7.6 第6.1.8条

一、条文内容

细石混凝土防水层不得有渗漏或积水现象。

二、图示（图7-6）

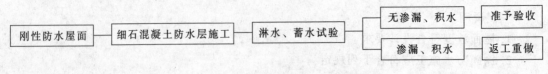

图 7-6

三、说明

（1）细石混凝土防水层为刚性屋面防水，不适用于设有松散材料保温层、受较大震动或冲击、坡度大于15%的建筑屋面。

（2）细石混凝土不得使用火山灰质水泥；当采用矿渣硅酸盐水泥时，应采用减少泌水性的措施。

（3）细石混凝土防水层的厚度不应小于40mm，并配置双向钢筋网片（φ4～φ6@100～200），钢筋网片在分格处应断开，其保护层厚度不应小于10mm。

（4）细石混凝土防水层在天沟、檐沟、檐口、水落口、泛水、变形缝和伸出屋面管道的防水构造应符合设计要求。

（5）细石混凝土防水层与立墙及突出屋面结构等交接处，应做柔性密封处理。

四、措施

（1）防水层应设置分格缝，其纵横间距不大于6m。

（2）混凝土中掺加膨胀剂、减水剂、防水剂等外加剂以改善混凝土防水性能。

（3）加强混凝土的洒水养护，养护时间不少于14d。

五、检查要点

（1）检查细石混凝土防水层原材料出厂合格证及复试报告。

（2）检查隐蔽工程验收记录。

（3）检查细石混凝土的配合比与计量情况。

（4）尺量检查细石混凝土的厚度、分格及配筋情况。

（5）检查屋面有无渗漏和积水，排水系统是否通畅，可在雨后或持续淋水2h以后进行；有可能做蓄水检验的屋面，其蓄水时间不应少于24h。

7.7 第6.2.7条

一、条文内容

密封材料嵌填必须密实、连续、饱满，粘结牢固，无气泡、开裂、脱落等缺陷。

二、图示（图7-7）

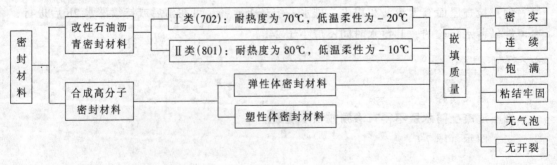

图 7-7

三、说明

(1) 常用的密封材料，应具有弹塑性、粘结性、施工性、耐热性、水密性、气密性和拉伸-压缩循环性能。

(2) 密封防水部位的基层质量要求：

①基层应牢固，表面应平整、密实，不得有蜂窝、麻面、起皮和起砂现象；

②基层应干净、干燥；

③密封防水处理连接部位的基层，应涂刷与密封材料相配套的基层处理剂。

(3) 密封防水接缝宽度不应大于40mm，且不应小于10mm；接缝深度宜为接缝宽度的0.5~0.7倍。

(4) 接缝处的密封材料底部应填放背衬材料，常用的背衬材料有泡沫棒和油毡条。

(5) 密封材料的保护：

①嵌填完毕的密封材料，一般养护2~3d；

②对已嵌填的密封材料，应采用卷材或木板遮盖保护，以防污染或碰损；

③外露的密封材料上应设置保护层，其宽度不应小于100mm。

四、措施

(1) 认真做好天沟、檐沟、泛水、变形缝等细部构造的基层处理。

(2) 做好密封材料底部的背衬材料。

(3) 细致进行密封材料嵌填、养护和保护。

五、检查要点

(1) 检查密封材料的出厂合格证，及进场抽样复验报告。

(2) 观察检查嵌填质量。

7.8 第7.1.5条

一、条文内容

平瓦必须铺置牢固。地震设防地区或坡度大于50％的屋面，应采取固定加强措施。

二、图示（图7-8）

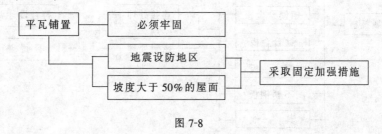

图7-8

三、说明

(1) 平瓦种类有黏土机制平瓦、混凝土平瓦，用于坡度不小于20％的屋面。

(2) 平瓦可铺设在钢筋混凝土或木基层上。当采用木基层时，在基层上铺设一层卷材（搭接宽度不小于100mm）并用顺水条将卷材钉在木基层上（顺水条间距为500mm），再在顺水条上钉挂瓦条；平瓦也可在基层上设置泥背的方法铺设，泥背厚度宜为30~50mm。前后坡应自下而上同时对称施工，并分两层铺抹，随铺平瓦。

(3) 挂瓦条要求分档均匀，铺钉平整、牢固。

(4) 挂瓦应按由下至上，从左至右次序进行。瓦脚应挂在挂瓦条上，与相邻的左边和下边两块瓦应落槽密实；靠近屋脊处的第一排瓦应用砂浆窝牢。

(5) 地震设防地区或屋面坡度大于50%时，每隔一排瓦均需用20#镀锌铁丝穿过瓦鼻小孔，绑在下一排瓦条上。

四、措施

(1) 平瓦运输安装要拿轻放，不能抛扔、碰撞；进场后堆垛整齐。

(2) 平瓦铺设时，应均匀分散堆放在两坡屋面上，不能集中堆放；铺瓦时应由两坡从下向上同时对称铺设，严禁单坡铺设。

(3) 在基层上采用泥背铺设平瓦时，前后坡应自下而上同时对称施工，并应分两层铺抹，待第一层干燥后，再铺抹第二层，并随铺平瓦。

(4) 平瓦铺设需要取固定加强措施时，监理人员应实施旁站监理，并做好隐蔽工程验收。

五、检查要点

(1) 检查平瓦进场质量合格证和检验报告。

(2) 检查隐蔽工程验收记录。

(3) 观察和手扳检查平瓦铺设牢固性。

7.9 第7.3.6条

一、条文内容

金属板材的连接和密封处理必须符合设计要求，不得有渗漏现象。

二、图示（图7-9）

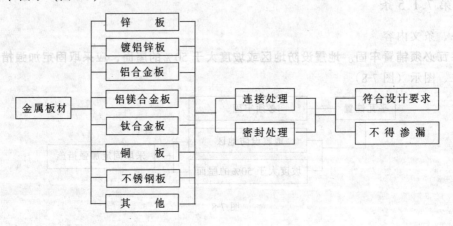

图 7-9

三、说明

1. 金属板材屋面的密封处理，应根据不同的屋面形式、不同材料、不同环境要求、不同功能要求，采取相应的密封处理方法

(1) 金属板材屋面与主墙及突出屋面结构等交接处，均应做泛水处理；

(2) 两板之间应放置通长密封条；螺栓拧紧后，两板搭接口处搭接缝内用密封材料封严；

(3) 所有外露螺栓（螺钉），均应涂抹密封材料保护；

(4) 搭接宽度、长度方向正确，铺设压型钢板屋面时，相邻两块板应按年最大频率风向搭接，避免刮风时冷空气贯入室内，上下两排板搭接长度应根据板型和屋面坡长而定；

(5) 排水坡度符合设计要求。

2．金属板材的连接

压型板应采用带防水垫圈的镀锌螺栓（螺钉）固定，固定点应设在波峰上。

四、措施

(1) 严格按照设计选用的金属板材的连接和密封处理方法进行施工。

(2) 金属板材的外观质量，应外形规则、边缘整齐、表面光滑、色泽均匀，无扭翘、脱膜、锈蚀等缺陷。

五、检查要点

(1) 检查金属板材的出厂合格证明和质量检验报告。

(2) 雨后或淋水检查有无渗漏。

7.10 第8.1.4条

一、条文内容

架空隔热制品的质量必须符合设计要求，严禁有断裂和露筋等缺陷。

二、图示（图7-10）

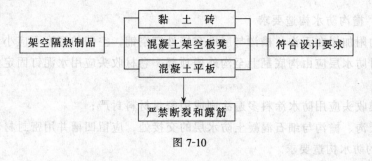

图7-10

三、说明

1．架空隔热制品质量要求

(1) 非上人屋面的黏土砖强度等级不应低于MU7.5，上人屋面的黏土砖强度等级不应低于MU10；

(2) 混凝土板的强度等级不应低于C20，板内宜加放钢丝网片。

2．架空隔热制品应外形尺寸正确，边缘整齐、表面光滑、无裂纹、露筋等缺陷。

四、措施

运输、堆放、铺设时要轻拿轻放，避免破损、断裂、缺棱掉角。

五、检查要点

(1) 检查架空隔热制品的出厂合格证明和质量检验报告。

(2) 检查黏土砖和混凝土板的强度试验报告。

(3) 现场检查架空隔热层的铺设质量。

7.11 第 9.0.11 条

一、条文内容

天沟、檐沟、檐口、水落口、泛水、变形缝和伸出屋面管道的防水构造，必须符合设计要求。

二、图示（图 7-11）

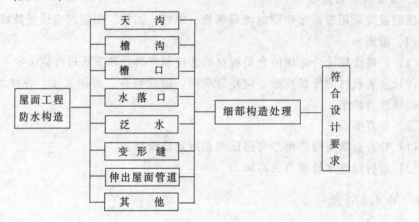

图 7-11

三、说明

1. 天沟、檐沟防水构造要求

(1) 沟内附加层在天沟、檐沟与屋面交接处宜空铺，空铺的宽度不应小于 200mm；

(2) 卷材防水层应由沟底翻上至沟外檐顶部，卷材收头应用水泥钉固定，并用密封材料封严；

(3) 涂膜收头应用防水涂料多遍涂刷或用密封材料封严；

(4) 在天沟、檐沟与细石混凝土防水层的交接处，应留凹槽并用密封材料嵌填严密。

2. 檐口的防水构造要求

(1) 铺贴檐口 800mm 范围内的卷材应采取满粘法；

(2) 卷材收头应压入凹槽，采用金属压条钉压，并用密封材料封口；

(3) 涂膜收头应用防水涂料多遍涂刷或用密封材料封严；

(4) 檐口下端应抹出鹰嘴和滴水槽。

3. 水落口的防水构造要求

(1) 水落口杯上口的标高应设置在沟底的最低处；

(2) 防水层贴入水落口杯内不应小于 50mm；

(3) 水落口周围直径 500mm 范围内的坡度不应小于 5%，并采用防水涂料或密封材料涂封，其厚度不应小于 2mm；

(4) 水落口杯与基层接触处应留宽 20mm，深 20mm 凹槽，并嵌填密封材料。

4. 女儿墙泛水的防水构造要求

(1) 铺贴泛水处的卷材应采取满粘法；

(2) 砖墙上的卷材收头可直接铺压在女儿墙压顶下，压顶应做防水处理，也可压入砖墙凹槽内固定密封，凹槽距屋面找平层不应小于250mm，凹槽上部的墙体应做防水处理；

(3) 涂膜防水应直接涂刷至女儿墙的压顶下，收头处理应用防水涂料多遍涂刷封严，压顶应做防水处理；

(4) 混凝土墙上的卷材收头应采用压条钉压，并用密封材料封严。

5．变形缝防水构造要求

(1) 变形缝的泛水高度不应小于250mm；

(2) 防水层应铺贴到变形缝两侧砌体的上部；

(3) 变形缝内应填充聚苯乙烯泡沫塑料，上部填放衬垫材料，并用卷材封盖；

(4) 变形缝顶部应加扣混凝土或金属盖板，混凝土盖板的接缝应用密封材料嵌填。

6．伸出屋面管道的防水构造要求

(1) 管道根部直径500mm范围内，找平层应抹出高度不小于30mm的圆台；

(2) 管道周围与找平层或细石混凝土防水层之间，应预留20mm×20mm的凹槽，并用密封材料嵌填严密；

(3) 管道根部四周应增设附加层，宽度和高度均不应小于300mm；

(4) 管道上的防水层收头应用金属箍紧固，并用密封材料封严。

四、措施

(1) 屋面细部构造防水施工应制定技术方案，并进行技术交底。

(2) 使用经复验合格的防水卷材、防水涂料和密封材料。

(3) 监理人员加强细部构造防水处理的检查。

五、检查要点

(1) 检查细部构造防水处理的隐蔽工程验收记录。

(2) 检查施工检验记录、淋水或蓄水检验记录。

8.《地下防水工程质量验收规范》GB 50208—2002

8.1 第3.0.6条

一、条文内容

地下防水工程所使用的防水材料,应有产品的合格证书和性能检测报告,材料的品种、规格、性能等应符合现行国家产品标准和设计要求。

不合格的材料不得在工程中使用。

二、图示(图8-1)

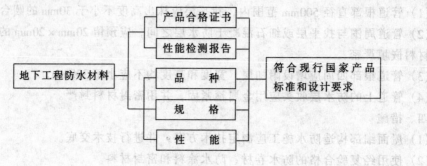

图 8-1

三、说明

1. 现行建筑防水工程材料标准(表8-1)

表8-1

类　别	标　准　名　称	标　准　号
防水卷材	1. 聚氯乙烯防水卷材	GB12952—91
	2. 氯化聚乙烯防水卷材	GB12953—91
	3. 改性聚乙烯橡胶共混防水卷材	JC/T633—1996
	4. 氯化聚乙烯-橡胶共混防水卷材	JC/T684—1997
	5. 高分子防水材料(第一部分片材)	GB18173.1—2000
	6. 弹性体改性沥青防水卷材	GB18242—2000
	7. 塑性体改性沥青防水卷材	GB18243—2000
防水涂料	1. 聚氨酯防水涂料	JC/T500—1992(1996)
	2. 溶剂型橡胶沥青防水涂料	JC/T852—1999
	3. 聚合物乳液建筑防水涂料	JC/T864—2000
	4. 聚合物水泥防水涂料	JC/T894—2001
密封材料	1. 聚氨酯建筑密封膏	JC/T482—1992(1996)
	2. 聚硫建筑密封膏	JC/T483—1992(1996)
	3. 丙烯酸建筑密封膏	JC/T484—1992(1996)
	4. 建筑防水沥青嵌缝油膏	JC207—1996
	5. 聚氯乙烯建筑防水接缝材料	JC/T798—1997
	6. 建筑用硅酮结构密封胶	GB16776—1997

续表

类别	标准名称	标准号
其他防水材料	1. 高分子防水材料（第二部分止水带） 2. 高分子防水材料（第三部分遇水膨胀橡胶）	GB18173.2—2000 GB18173.3—2002
刚性防水材料	1. 砂浆、混凝土防水剂 2. 混凝土膨胀剂 3. 水泥基渗透结晶型防水材料	JC474—92（1999） JC476—92（1998） GB18445—2001
防水材料试验方法	1. 沥青防水卷材试验方法 2. 建筑胶粘剂通用试验方法 3. 建筑密封材料试验方法 4. 建筑防水涂料试验方法 5. 建筑防水材料老化试验方法	GB328—89 GB/T12954—91 GB/T13477—92 GB/T 16777—1997 GB18244—2000

2. 建筑防水工程材料现场抽样复验规定（表 8-2）

表 8-2

序号	材料名称	现场抽样数量	外观质量检验	物理性能检验
1	高聚物改性沥青防水卷材	大于 1000 卷抽 5 卷，每 500～1000 卷抽 4 卷，100～499 卷抽 3 卷，100 卷以下抽 2 卷，进行规格、尺寸和外观质量检验。在外观质量检验合格的卷材中，任取 1 卷做物理性能检验	断裂、皱折、孔洞、剥离、边缘不整齐，胎体露白、未浸透，撒布材料粒度、颜色，每卷材的接头	拉力，最大拉力时延伸率，低温柔度，不透水性
2	合成高分子防水卷材		折痕、杂质、胶块、凹痕，每卷卷材的接头	断裂拉伸强度，扯断伸长率，低温弯折，不透水性
3	沥青基防水涂料	每工作班生产量为一批抽样	搅匀和分散在水溶液中，无明显沥青丝团	固含量，耐热度，柔性，不透水性，延伸率
4	无机防水涂料	每 10t 为一批，不足 10t 按一批抽样	包装完好无损，且标明涂料名称，生产日期，生产厂家，产品有效期	抗折强度，粘结强度，抗渗性
5	有机防水涂料	每 5t 为一批，不足 5t 按一批抽样	包装完好无损，且标明涂料名称，生产日期，生产厂家，产品有效期	固体含量，拉伸强度，断裂延伸率，柔性，不透水性
6	胎体增强材料	每 3000m² 为一批，不足 3000m² 按一批抽样	均匀，无团状，平整，无折皱	拉力，延伸率
7	改性石油沥青密封材料	每 2t 为一批，不足 2t 按一批抽样	黑色均匀膏状，无结块和未浸透的填料	低温柔性，拉伸粘结性，施工度
8	合成高分子密封材料	每 2t 为一批，不足 2t 按一批抽样	均匀膏状物，无结皮、凝结或不易分散的固体团块	拉伸粘结性，柔性
9	高分子防水材料止水带	每月同标记的止水带产量为一批抽样	尺寸公差；开裂、缺胶、海绵状，中心孔偏心；凹痕，气泡；杂质，明疤	拉伸强度，扯断伸长率，撕裂强度
10	高分子防水材料遇水膨胀橡胶	每月同标记的膨胀橡胶产量为一批抽样	尺寸公差；开裂、缺胶、海绵状；凹痕，气泡；杂质，明疤	拉伸强度，扯断伸长率，体积膨胀倍率

3. 地下工程防水材料质量标准
(1) 防水卷材和胶粘剂的质量应符合以下规定：
①高聚物改性沥青防水卷材的主要物理性能指标（表8-3）

表8-3

项　目		性　能　要　求		
		聚酯毡胎体卷材	玻纤毡胎体卷材	聚乙烯膜胎体卷材
拉伸性能	拉力（N/50mm）	≥800（纵横向）	≥500（纵向） ≥300（横向）	≥140（纵向） ≥120（横向）
	最大拉力时延伸率（%）	≥40（纵横向）	—	≥250（纵横向）
低温柔度（℃）		≤−15		
		3mm厚，$r=15$mm；4mm厚，$r=25$mm；3s，弯180°，无裂纹		
不透水性		压力0.3MPa，保持时间30min，不透水		

②合成高分子防水卷材的主要物理性能指标（表8-4）：

表8-4

项　目	性　能　要　求				
	硫化橡胶类		非硫化橡胶类	合成树脂类	纤维胎增强类
	JL_1	JL_2	JF_3	JS_1	
拉伸强度（MPa）	≥8	≥7	≥5	≥8	≥8
断裂伸长率（%）	≥450	≥400	≥200	≥200	≥10
低温弯折性（℃）	−45	−40	−20	−20	−20
不透水性	压力0.3MPa，保持时间30min，不透水				

③胶粘剂的质量要求（表8-5）：

表8-5

项　目	高聚物改性沥青卷材	合成高分子卷材
粘结剥离强度（N/10mm）	≥8	≥15
浸水168h后粘结剥离强度保持率（%）	—	≥70

(2) 防水涂料和胎体增强材料的质量应符合以下规定：
①有机防水涂料的物理性能指标（表8-6）：

表8-6

涂料种类	可操作时间（min）	潮湿基面粘结强度（MPa）	抗　渗　性			浸水168h断裂伸长率（%）	浸水168h后拉伸强度（MPa）	耐水性（%）	表干（h）	实干（h）
			涂膜（30min）	砂浆迎水面	砂浆背水面					
反应型	≥20	≥0.3	≥0.3	≥0.6	≥0.2	≥300	≥1.65	≥80	≤8	≤24
水乳型	≥50	≥0.2	≥0.3	≥0.6	≥0.2	≥350	≥0.5	≥80	≤4	≤12
聚合物水泥	≥30	≥0.6	≥0.3	≥0.8	≥0.6	≥80	≥1.5	≥80	≤4	≤12

注：耐水性是指在浸水168h后材料的粘结强度及砂浆抗渗性的保持率。

② 无机防水涂料的物理性能指标（表 8-7）：

表 8-7

涂料种类	抗折强度（MPa）	粘结强度（MPa）	抗渗性（MPa）	冻融循环
水泥基防水涂料	>4	>1.0	>0.8	>D50
水泥基渗透结晶型防水涂料	≥3	≥1.0	>0.8	>D50

③ 胎体增强材料的质量要求（表 8-8）：

表 8-8

项目		聚酯无纺布	化纤无纺布	玻纤网布
外观		均匀无团状，平整无折皱		
拉力（宽 50mm）	纵向（N）	≥150	≥45	≥90
	横向（N）	≥100	≥35	≥50
延伸率	纵向（%）	≥10	≥20	≥3
	横向（%）	≥20	≥25	≥3

(3) 塑料板的主要物理性能指标（表 8-9）：

表 8-9

项目	性能要求			
	EVA	ECB	PVC	PE
拉伸强度（MPa）≥	15	10	10	10
断裂延伸率（%）≥	500	450	200	400
不透水性 24h（MPa）≥	0.2	0.2	0.2	0.2
低温弯折性（℃）≤	-35	-35	-20	-35
热处理尺寸变化率（%）≤	2.0	2.5	2.0	2.0

注：EVA—乙烯醋酸乙烯共聚物；ECB—乙烯共聚物沥青；PVC—聚氯乙烯；PE—聚乙烯。

(4) 高分子材料止水带质量应符合以下规定：
① 止水带的尺寸公差（表 8-10）：

表 8-10

止水带公称尺寸		极限偏差
厚度 B	4~6mm	+1, 0
	7~10mm	+1.3, 0
	11~20mm	+2, 0
宽度 L，%		±3

② 止水带表面不允许有开裂、缺胶、海绵状等影响使用的缺陷，中心孔偏心不允许超

过管状断面厚度的 1/3；止水带表面允许有深度不大于 2mm、面积不大于 16mm² 的凹痕、气泡、杂质、明疤等缺陷不超过 4 处。

③止水带的物理性能指标（表 8-11）：

表 8-11

项　目		性　能　要　求		
		B 型	S 型	J 型
硬度（邵尔 A，度）		60±5	60±5	60±5
拉伸强度（MPa）≥		15	12	10
扯断伸长率（%）≥		380	380	300
压缩永久变形	70℃×24h，% ≤	35	35	35
	23℃×168h，% ≤	20	20	20
撕裂强度（kN/m）≥		30	25	25
脆性温度（℃）≤		-45	-40	-40
热空气老化	70℃×168h 硬度变化（邵尔 A，度）	+8	+8	—
	70℃×168h 拉伸强度（MPa）≥	12	10	—
	70℃×168h 扯断伸长率（%）≥	300	300	—
	100℃×168h 硬度变化（邵尔 A，度）	—	—	+8
	100℃×168h 拉伸强度（MPa）≥	—	—	9
	100℃×168h 扯断伸长率（%）≥	—	—	250
臭氧老化 50PPhm：20%，48h		2 级	2 级	0 级
橡胶与金属粘合		断面在弹性体内		

注：①B 型适用于变形缝用止水带；S 型适用于施工缝用止水带；J 型适用于有特殊耐老化要求的接缝用止水带。
②橡胶与金属粘合项仅适用于具有钢边的止水带。

(5) 遇水膨胀橡胶腻子止水条的质量应符合以下规定：

①遇水膨胀橡胶腻子止水条物理性能指标（表 8-12）：

表 8-12

项　目	性　能　要　求		
	PN-50	PN-220	PN-300
体积膨胀倍率（%）	≥150	≥220	≥300
高温流淌性（80℃×5h）	无流淌	无流淌	无流淌
低温试验（-20℃×2h）	无脆裂	无脆裂	无脆裂

注：体积膨胀倍率 = 膨胀后的体积/膨胀前的体积×100%。

②选用的遇水膨胀橡胶腻子止水条应具有缓胀性能，其 7d 的膨胀率应不大于最终膨胀率的 60%。当不符合时，应采取表面涂缓膨胀剂措施。

(6) 接缝密封材料的质量应符合以下规定：

①改性石油沥青密封材料的物理性能指标（表 8-13）：

表 8-13

项 目		性 能 要 求	
		Ⅰ 类	Ⅱ 类
耐 热 度	温 度（℃）	70	80
	下 垂 值（mm）	≤4.0	
低 温 柔 性	温 度（℃）	-20	-10
	粘 结 状 态	无裂纹和剥离现象	
拉伸粘结性（%）		≥125	
浸水后拉伸粘结性（%）		≥125	
挥 发 性（%）		≤2.8	
施 工 度（mm）		≥22.0	≥20.0

注：改性石油沥青密封材料按耐热度和低温柔性分为Ⅰ类和Ⅱ类。

② 合成高分子密封材料的物理性能指标（表 8-14）：

表 8-14

项 目		性 能 要 求	
		弹性体密封材料	塑性体密封材料
拉伸粘结性	拉伸强度（MPa）	≥0.2	≥0.02
	延伸率（%）	≥200	≥250
柔 性（℃）		-30，无裂纹	-20，无裂纹
拉伸-压缩循环性能	拉伸-压缩率（%）	≥±20	≥±10
	粘结和内聚破坏面积（%）	≤25	

(7) 管片接缝密封垫材料的质量应符合以下规定：

① 弹性橡胶密封垫材料的物理性能指标（表 8-15）：

表 8-15

项 目		性 能 要 求	
		氯丁橡胶	三元乙丙胶
硬度（邵尔 A，度）		45±5～60±5	55±5～70±5
伸长率（%）		≥350	≥330
拉伸强度（MPa）		≥10.5	≥9.5
热空气老化（70℃×96h）	硬度变化值（邵尔 A，度）	≤+8	≤+6
	拉伸强度变化率（%）	≥-20	≥-15
	扯断伸长率变化率（%）	≥-30	≥-30
压缩永久变形（70℃×24h）		≤35	≤28
防 霉 等 级		达到与优于 2 级	达到与优于 2 级

注：以上指标均为成品切片测试的数据，若只能以胶料制成试样测试，则其力学性能数据应达到本标准的 120%。

②遇水膨胀密橡胶料的物理性能指标（表 8-16）：

表 8-16

项 目		性 能 要 求			
		PZ-150	PZ-250	PZ-400	PZ-600
硬度（邵尔 A，度）		42±7	42±7	45±7	48±7
拉伸强度（MPa）≥		3.5	3.5	3	3
扯断伸长率（%）≥		450	450	350	350
体积膨胀倍率（%）≥		150	250	400	600
反复浸水试验	拉伸强度（MPa）≥	3	3	2	2
	扯断伸长率（%）≥	350	350	250	250
	体积膨胀倍率（%）≥	150	250	300	500
低温弯折（-20℃×2h）		无裂纹	无裂纹	无裂纹	无裂纹
防霉等级		达到与优于 2 级			

注：①成品切片测试应达到标准的 80%。
②接头部位的拉伸强度指标不得低于本标准的 50%。

（8）排水用土工复合材料的主要物理性能指标（表 8-17）：

表 8-17

项 目	性 能 要 求	
	聚丙烯无纺布	聚酯无纺布
单位面积质量（g/m²）	≥280	≥280
纵向拉伸强度（N/50mm）	≥900	≥700
横向拉伸强度（N/50mm）	≥950	≥840
纵向伸长率（%）	≥110	≥100
横向伸长率（%）	≥120	≥105
顶破强度（kN）	≥1.11	≥0.95
渗透系数（cm/s）	$≥5.5×10^{-2}$	$≥4.2×10^{-2}$

四、措施
（1）由法定检测部门对防水材料性能进行抽样检验。
（2）进场材料严格执行见证取样和送检制度。

五、检查要点
（1）检查产品出厂合格证、出厂性能检测报告。
（2）检查进场复验报告。

8.2 第 4.1.8 条

一、条文内容
防水混凝土的抗压强度和抗渗压力必须符合设计要求。
二、图示（图 8-2）

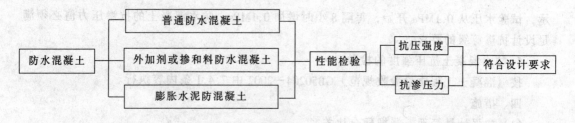

图 8-2

三、说明

1. 防水混凝土所用材料要求

(1) 水泥品种应按设计要求选用，其强度等级不应低于32.5级，不得使用过期或受潮结块水泥；

(2) 碎石或卵石的粒径宜为5～40mm，含量不得大于1.0%，泥块含量不得大于0.5%；

(3) 砂宜用中砂，含泥量不得大于3.0%，泥块含量不得大于1.0%；

(4) 拌制混凝土所用的水，应采用不含有害物质的洁净水；

(5) 外加剂的技术性能，应符合国家或行业标准一等品及以上的质量要求；

(6) 粉煤灰的级别不应低于二级，掺量不宜大于20%；硅粉掺量不应大于3%，其他掺和料的掺量应通过试验确定。

2. 防水混凝土的配合比规定

(1) 试配要求的抗渗水压值应比设计值提高0.2MPa；

(2) 水泥用量不得少于300kg/m³；掺有活性掺和料时，水泥用量不得少于280kg/m³；

(3) 砂率宜为35%～45%，灰砂比宜为1:2～1:2.5；

(4) 水灰比不得大于0.55；

(5) 普通防水混凝土坍落度不宜大于50mm，泵送时入泵坍落度宜为100～140mm。

3. 抗渗试件留置原则（图 8-3）

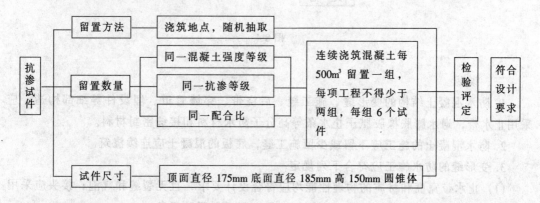

图 8-3

4. 抗渗性能评定

防水混凝土抗渗压力值，是从用每组6块试件中4个未出现渗水时的最大水压力表示，试验水压从0.1MPa开始，每隔8小时增加0.1MPa。防水混凝土的抗渗压力值必须满足设计抗渗等级的要求。

5．防水混凝土抗压强度的检验

按《混凝土工程质量验收规范》GB50204—2002中7.4.1条内容执行。

四、措施

（1）加强计量管理，严把配合比关。

（2）严格执行见证取样和送检制度。

（3）加强混凝土的养护。

五、检查要点

（1）检查原材料出厂合格证明、质量检验报告和现场抽样试验报告。

（2）检查防水混凝土的抗压、抗渗试验报告。

（3）检查混凝土施工记录。

8.3 第4.1.9条

一、条文内容

防水混凝土的变形缝、施工缝、后浇带、穿墙管道、埋设件等设置和构造，均须符合设计要求，严禁有渗漏。

二、图示（图8-4）

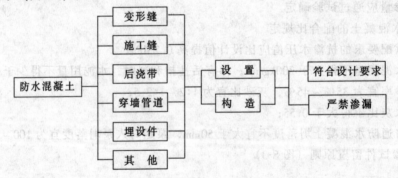

图8-4

三、说明

1．防水混凝土结构的变形缝、施工缝、后浇带、穿墙管道、埋设件等细部构造。应采用止水带，遇水膨胀橡胶腻子止水条等高分子防水材料和接缝密封材料。

2．防水混凝土的施工应不留或少留施工缝，底板的混凝土应连续浇筑。

3．变形缝的防水施工应符合下列规定

（1）止水带宽度和材质的物理性能均应符合设计要求，且无裂缝和气泡；接头应采用热接，不得叠接，接缝平整、牢固，不得有裂口和脱胶现象；

（2）中埋式止水带中心线应和变形缝中心线重合，止水带不得穿孔或用铁钉固定；

（3）变形缝设置中埋式止水带时，混凝土浇筑前应校正止水带位置，表面清理干净，止水带损坏处应修补；顶、底板止水带的下侧混凝土应振捣密实，边墙止水带内外侧混凝土应均匀，保持止水带位置正确、平直，无卷曲现象；

（4）变形缝补增设的卷材或涂料防水层，应按设计要求施工。

4．施工缝的防水施工应符合下列规定

（1）水平施工缝浇筑混凝土前，应将其表面浮浆和杂物清除，铺水泥砂浆或涂刷混凝土界面处理剂并及时浇筑混凝土；

（2）垂直施工缝浇筑混凝土前，应将其表面清理干净，涂刷混凝土界面处理剂并及时浇筑混凝土；

（3）施工缝采用遇水膨胀橡胶腻子止水条时，应将止水条牢固地安装在缝表面预留槽内；

（4）施工缝采用中埋止水带时，应确保止水带位置准确、固定牢靠。

5．后浇带的防水施工应符合下列规定

（1）后浇带应在其两侧混凝土龄期达到42d后再施工；

（2）后浇带的接缝处理应符合本规范施工缝施工的规定；

（3）后浇带应采用补偿收缩混凝土，其强度等级不得低于两侧混凝土；

（4）后浇带混凝土养护时间不得少于28d。

6．穿墙管道的防水施工应符合下列规定

（1）穿墙管止水环与主管或翼环与套管应连续满焊，并做好防腐处理；

（2）穿墙管处防水层施工前，应将套管内表面清理干净；

（3）套管内的管道安装完毕后，应在两管间嵌入内衬填料，端部用密封材料填缝。柔性穿墙时，穿墙内侧应用法兰压紧；

（4）穿墙管外侧防水层应铺设严密，不留接茬；增铺附加层时，应按设计要求施工。

7．埋设件的防水施工应符合下列规定

（1）埋设件端部或预留孔（槽）底部的混凝土厚度不得小于250mm；当厚度小于250mm时，必须局部加厚或采取其他防水措施；

（2）预留地坑、孔洞、沟槽内的防水层，应与孔（槽）外的结构防水层保持连续；

（3）固定模板用的螺栓必须穿过混凝土结构时，螺栓或套管应满焊止水环或翼环；采用工具式螺栓或螺栓加堵头做法，拆模后应采取加强防水措施将留下的凹槽封堵密实。

8．密封材料的防水施工应符合下列规定

（1）检查粘结基层的干燥程度以及接缝的尺寸，接缝内部的杂物应清除干净；

（2）热灌法施工应自下向上进行并尽量减少接头，接头应采用斜槎；密封材料熬制及浇灌温度，应按有关材料要求严格控制；

（3）冷嵌法施工应分次将密封材料嵌填在缝内，压嵌密实并与缝壁粘结牢固，防止裹入空气。接头应采用斜槎；

（4）接缝处的密封材料底部应嵌填背衬材料，外露密封材料上应设置保护层，其宽度不得小于100mm。

四、措施

（1）施工前应制定技术方案，做好技术交底。

（2）监理人员加强细部构造处理的检查。

五、检查要点

(1) 检查止水带、止水条和密封材料的合格证、质量检验报告、进场复验报告。
(2) 检查隐蔽工程验收记录。

8.4 第4.2.8条

一、条文内容

水泥砂浆防水层各层之间必须结合牢固，无空鼓现象。

二、图示（图8-5）

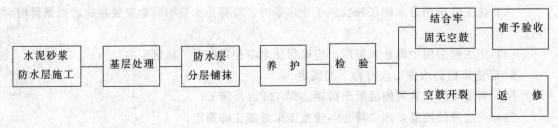

图 8-5

三、说明

1．水泥砂浆防水层适应变形能力较差，水泥砂浆应与基层粘结牢固并连成一体，共同承受外力及压力水的作用。

2．水泥砂浆防水层的材料要求

(1) 水泥品种应按设计要求选用，其强度等级不应低于32.5级，不得使用过期或受潮结块水泥；

(2) 砂宜采用中砂，粒径3mm以下，含泥量不得大于1%，硫化物和硫酸盐含量不得大于1%；

(3) 水应采用不含有害物质的洁净水；

(4) 聚合物乳液的外观质量，无颗粒、异物和凝固物；

(5) 外加剂的技术性能应符合国家或行业标准一等品及以上的质量要求。

3．水泥砂浆防水层的配合比规定

(1) 普通水泥砂浆防水层的配合比应符合以下规定（表8-18）

表 8-18

名称	配合比（质量比）		水灰比	适用范围
	水泥	砂		
水泥浆	1	—	0.55~0.60	水泥砂浆防水层的第一层
水泥浆	1	—	0.37~0.40	水泥砂浆防水层的第三、五层
水泥砂浆	1	1.5~2.0	0.40~0.50	水泥砂浆防水层的第二、四层

(2) 掺外加剂、掺和料、聚合物水泥砂浆的配合比应符合所掺材料的规定。

4．水泥砂浆防水层的基层质量应符合下列要求

(1) 水泥砂浆铺抹前，基层的混凝土和砌筑砂浆强度应不低于设计值的80%；

(2) 基层表面应坚实、平整、粗糙、洁净，并充分湿润，无积水；

(3) 基层表面的孔洞、缝隙应用与防水层相同的砂浆填塞抹平。

5. 水泥砂浆防水层施工应符合下列要求

(1) 分层铺抹或喷涂，铺抹时应压实、抹平和表面压光；

(2) 防水层各层应紧密贴合，每层宜连续施工，必须留施工缝时应采用阶梯坡形槎，但离开阴阳角处不得小于 200mm；

(3) 防水层的阴阳角处应做成圆弧形；

(4) 水泥砂浆终凝后应及时进行养护，养护温度不宜低于 5℃并保持湿润，养护时间不得少于 14d，聚合物水泥砂浆应采用干湿交替的养护方法。

6. 水泥砂浆防水层检查

(1) 检查数量：按防水面积每 $100m^2$ 抽查一处，每处 $10m^2$，且不得少于 3 处。

(2) 判定尺度：空鼓总面积不应大于总防水面积的 5%。单个空鼓面积不大于 $0.10m^2$，任意 $100m^2$ 防水面积不超过 2 处。

四、措施

(1) 施工前应制定技术方案，做好技术交底。

(2) 监理人员加强质量检查。

(3) 设置专人对水泥砂浆防水层进行养护。

五、检查要点

(1) 检查原材料出厂合格证、质量检验报告，和现场抽样试验报告。

(2) 检查砂浆配合比与计量情况。

(3) 检查隐蔽工程验收记录。

(4) 现场检查防水层质量。

8.5 第 4.5.5 条

一、条文内容

塑料板的搭接缝必须采用热风焊接，不得有渗漏。

二、图示（图 8-6）

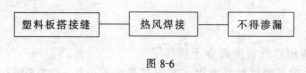

图 8-6

三、说明

1. 塑料板防水层的铺设应符合下列规定

(1) 塑料板的缓冲衬垫应用暗钉圈固定在基层上，塑料板边铺边将其与暗钉圈焊接牢固；

(2) 两副塑料板的搭接宽度应为 100mm，下部塑料板应压住上部塑料板；

(3) 搭接缝宜采用双条焊缝焊接，单条焊缝的有效焊接宽度不应小于 10mm；

(4) 复合式衬砌的塑料板铺设与内衬混凝土的施工距离不应小于 5m。

2. 塑料板的焊接

塑料板防水层的接缝较多，塑料板的搭接缝必须采用热风焊枪进行焊接，即将两片卷材搭接，通过焊嘴吹热风加热，使卷材的边缘部分达到熔融状态，然后用压辊加压，使两片卷材融为一体。

3. 焊缝的检验

一般在双焊缝间空腔内进行充气检查。即将5号注射针与压力表相接，用打气筒充气，当压力表达到0.25MPa时停止充气。保持15min，压力下降在10%以内，则焊缝合格。如下降过快，说明有未焊好处，重新补焊。

四、措施

(1) 施工前应制定技术方案，做好技术交底。

(2) 塑料板焊接前，应先做焊接试件拉力试验，确定焊接工艺参数后方可焊接。

五、检查要点

(1) 检查塑料板的出厂合格证明、质量检验报告及现场抽样检验报告。

(2) 现场检查焊缝质量。

8.6 第5.1.10条

一、条文内容

喷射混凝土抗压强度、抗渗压力及锚杆抗拔力必须符合设计要求。

二、图示（图8-7）

图 8-7

三、说明

1. 喷射混凝土所用原材料应符合下列规定

(1) 水泥优先选用普通硅酸盐水泥，其强度等级不应低于32.5级；

(2) 细骨料：采用中砂或粗砂，细度模数应大于2.5，使用时的含水率宜为5%~7%；

(3) 粗骨料：卵石或碎石粒径不应大于15mm；使用碱性速凝剂时，不得使用活性二氧化硅石料；

(4) 水：采用不含有害物质的洁净水；

(5) 速凝剂：初凝时间不应超过5min，终凝时间不应超过10min。

2. 混合料应搅拌均匀并符合下列规定

(1) 配合比：水泥与砂石质量比宜为1:4~4.5，砂率宜为45%~55%，水灰比不得大于0.45，速凝剂掺量应通过试验确定；

(2) 原材料称量允许偏差：水泥和速凝剂±2%，砂石±3%；
(3) 运输和存放中严防受潮，混合料应随拌随用，存放时间不应超过20min。

3. 喷射混凝土抗压、抗渗试验

(1) 抗压强度试件：

区间或小于区间断面的结构，每20延米拱和墙各取1组；车站各取2组。抗压强度检验评定同普通混凝土；

(2) 抗渗试件：

区间结构每40延米取1组；车站每20延米取1组。抗渗压力检验评定同防水混凝土。

4. 锚杆抗拔试验

同一批锚杆，每100根应取1组试件，每组3根，不足100根也取3根。

5. 混凝土试件评定

同一批试件抗拔力的平均值不得小于设计锚固力，且同一批试件抗拔力的最低值不应小于设计锚固力的90%。

四、措施

(1) 严格控制喷射混凝土原材料质量。
(2) 严格执行见证取样和送检制度。
(3) 加强混凝土养护，养护时间不少于14d。

五、检查要点

(1) 检查原材料出厂合格证、质量检验报告和现场抽样试验报告。
(2) 检查混凝土配比、计量情况。
(3) 检查混凝土抗压、抗渗及锚杆抗拔力试验报告。
(4) 检查混凝土施工记录。

8.7 第6.1.8条

一、条文内容

反滤层的砂、石粒径和含泥量必须符合设计要求。

二、图示（图8-8）

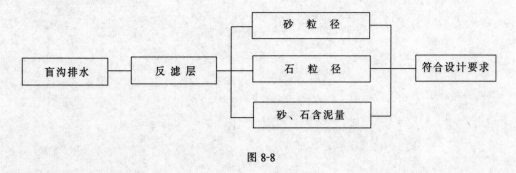

图8-8

三、说明

盲沟反滤层的材料要求：

1. 砂、石粒径

(1) 滤水层（贴天然土）：

塑性指数 $I_p \leqslant 3$（砂性土）时，采用 0.1~2mm 粒径砂子；

塑性指数 $I_p > 3$（黏性土）时，采用 2~5mm 粒径砂子。

(2) 渗水层：

塑性指数 $I_p \leqslant 3$（砂性土）时，采用 1~7mm 粒径卵石；

塑性指数 $I_p > 3$（黏性土）时，采用 5~10mm 粒径卵石。

2. 砂石含泥量

不得大于 2%。

四、措施

(1) 砂、石进场严把粒径关。

(2) 砂、石应洁净，不得有杂质。

五、检查要点

(1) 检查砂、石试验报告。

(2) 检查隐蔽工程检查记录。

9.《建筑地面工程施工质量验收规范》GB 50209—2002

9.1 第3.0.3条

一、条文内容

建筑地面工程采用的材料应按设计要求和本规范的规定选用,并应符合国家标准的规定;进场材料应有中文质量合格证明文件、规格、型号及性能检测报告,对重要材料应有复验报告。

二、图示(图9-1)

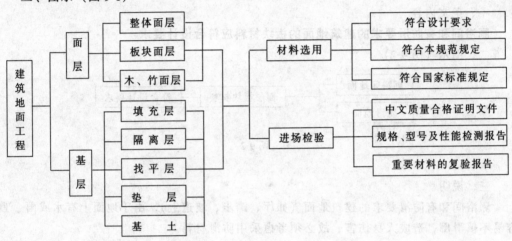

图9-1

三、说明

1．建筑地面工程的主要材料

(1) 基层:砂、土料、碎石、水泥、碎砖、炉渣、熟化石灰、三合土、混凝土、防水卷材、防水涂料以及松散板块状填充材料等。

(2) 面层:

①整体面层——水泥砂浆、混凝土、水磨石、水泥钢(铁)屑,不发火(防爆)、防油渗面层所用材料。

②板块面层——陶瓷锦砖、陶瓷地砖、缸砖、水泥混凝土和水磨石板块、水泥花砖、天然条石和块石、天然大理石、花岗石、塑料块材和塑料卷材、活动地板块、地毯等。

③木竹面层——实木地板块、实木复合地板块、中密度(强化)复合地板块、竹地板及其胶粘剂等。

2．主要地面材料的检验内容

(1) 砂石—粒径、含泥量、杂质以及不发生火花的材料。

(2) 水泥—强度、安定性、出厂日期。

(3) 大理石、花岗石—有害物质（放射性）的含量。

(4) 胶粘剂、沥青胶结料涂料—有害物质（游离甲醛、苯、总挥发性有机化合物（TVOC））含量。

(5) 人造木板—游离甲醛含量。

四、措施

(1) 对重要材料如水泥、大理石、花岗石、人造木板等进行现场复验。

(2) 有害物质超过相关标准限量规定的材料，不得使用。

五、检查要点

检查材料出厂合格证明文件、性能检测报告和进场复验报告。

9.2 第3.0.6条

一、条文内容

厕浴间和有防滑要求的建筑地面的板块材料应符合设计要求。

二、图示（图9-2）

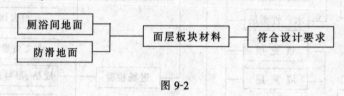

图9-2

三、说明

厕浴间和有防滑要求的建筑地面（如厅、踏步、坡道上），由于地面上有水或雨、雪，容易不慎滑倒，造成人身伤害，故必须考虑采用防滑材料。

四、措施

(1) 设计单位对厕浴间和有防滑要求的建筑地面必须考虑使用防滑材料或防滑措施（如用防滑型陶瓷地砖、坡道和踏步上加防滑条等）。

(2) 建设、监理、施工单位在图纸会审时应确定防滑材料的种类、规格、型号、性能要求。

(3) 施工图审查机构对防滑地面必须进行审查。

(4) 对有防滑要求的地面未使用防滑材料和无防滑措施的，返工重做。

五、检查要点

(1) 检查防滑材料检验报告。

(2) 泼水检查防滑效果。

9.3 第3.0.15条

一、条文内容

厕浴间、厨房和有排水（或其他液体）要求的建筑地面面层与相连接各类面层的标高差应符合设计要求。

二、图示（图9-3）

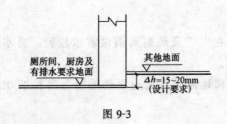

图 9-3

三、说明

主要是为了防止厕浴间、厨房和有排水（或其他液体）要求的建筑地面面层的水可能浸入到其他房间地面上，造成相邻各类面层的损坏（如竹、木类地面层），影响正常使用。

四、措施

(1) 施工图设计上必须注明地面标高差。
(2) 施工图审查机构应对标高差进行审查。
(3) 建设、监理和施工单位在图纸会审时，提出标高差要求。
(4) 在楼板现浇或面层施工时按规定设置标高差。

五、检查要点

检查相邻地面面层实际标高差。

9.4 第4.9.3条

一、条文内容

有防水要求的建筑地面工程，铺设前必须对立管、套管和地漏与楼板节点之间进行密封处理；排水坡度应符合设计要求。

二、图示（图9-4）

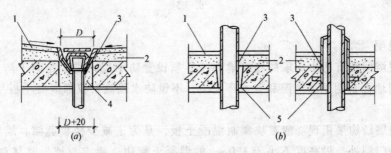

图 9-4 管道与楼面防水构造
(a) 地漏与楼面防水构造；(b) 立管、套管与楼面防水构造
1—面层按设计；2—找平层（防水层）；
3—地漏（管）四周留出 8~10mm 小沟槽（圆钉剔槽、打毛、扫净）；
4—1:2 水泥砂浆或细石混凝土填实；5—1:2 水泥砂浆

三、说明

有防水要求的建筑地面工程，一般是指厕浴间、厨房或阳台，立管、地漏较多，又涉及到土建和安装两个专业的施工，如果处理不当，配合不好，往往会发生渗水现象，严重影响使用。

四、措施

(1) 密封处理完后,在立管及地漏周围做蓄水检验。蓄水深度 20~30mm,24h 内无渗漏为合格,并做好记录。

(2) 保证排水坡度流向地漏。四周地面朝地漏方向找坡 0.5%;地漏四周 40mm 以内找坡 3%坡,便于排水。

五、检查要点

(1) 检查蓄水检验记录。

(2) 进行蓄水检查。

(3) 检查排水坡度,有无倒返水或积水。

9.5 第 4.10.8 条

一、条文内容

厕浴间和有防水要求的建筑地面必须设置防水隔离层。楼层结构必须采用现浇混凝土或整块预制混凝土板,混凝土强度等级不应小于 **C20**;楼板四周除门洞外,应做混凝土翻边,其高度不应小于 **120mm**。施工时结构层标高和预留孔洞位置应准确,严禁乱凿洞。

二、图示(图 9-5)

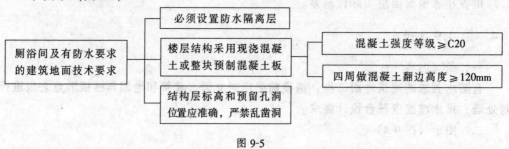

图 9-5

三、说明

(1) 厕浴间和有防水要求的建筑地面,必须设置防水层,主要是为了防止楼板渗漏。因为厕浴间地面长期处于潮湿和有水环境中,不设防水隔离层仅靠混凝土板是不能达到防水要求的。

(2) 楼层结构采用现浇或整块预制混凝土板,是为了减少楼板缝隙,缩短渗漏途径。楼板四周除门洞外,做高度不小于 120mm 的混凝土翻边,要求与楼板整体浇筑,同样为了防止渗漏。

(3) 厕浴间结构层标高准确是为了保证与其相连地面标高有一定高差,并做到地漏标高的准确性,以利排水坡度的正确。

(4) 预留孔洞位置要求准确,严禁扩大或改动位置。当安装立管、套管、地漏后,必须做好与楼板节点的密封处理,以防渗漏。

(5) 铺设防水层时,在管道穿过楼板面四周,防水材料向上铺涂,并超过套管的上口;在靠近墙面处,应高出面层 200~300mm 或按设计要求高度铺涂。阴阳角和管道穿过楼板面的根部应增加铺涂附加防水层。

四、措施

(1) 施工单位在施工前，应编制施工方案，选择符合规定的防水材料，并进行技术交底。

(2) 混凝土浇筑前应对结构层的标高和预留孔洞的位置进行复核，防止遗漏或位置尺寸有误。

(3) 防水层施工完毕后做蓄水试验，最高处蓄水深度 20~30mm，24h 内无渗漏为合格，并做好记录。

五、检查要点

(1) 检查蓄水检验记录。

(2) 进行实地蓄水试验，检查有无渗漏或积水、倒返水现象。

9.6 第 4.10.10 条

一、条文内容

防水隔离层严禁渗漏，坡向应正确、排水通畅。

二、图示（图 9-6）

图 9-6

三、说明

1．厕浴间、厨房或其他有排水要求的建筑地面（含阳台等）渗漏的主要原因：

(1) 铺贴地面砖时损坏防水层；

(2) 穿楼板管道根部密封处理不严，导致管道和地漏四周渗漏；

(3) 穿楼板管道套管偏低，或防水材料向上铺涂没有超过套管上口；

(4) 防水材料在靠近四周墙面处，高出面层的高度偏低，使墙面渗水；

(5) 管道或套管被扰动，造成管壁与楼板混凝土之间脱开，形成新的缝隙；

(6) 厕浴间门口防水层没有向外延伸，引起门口渗漏；

(7) 地面倒返水或排水不通畅，造成渗漏。

2．防水隔离层一般采用沥青类防水卷材，防水涂料或水泥类防水材料。

3．隔离层铺设前应涂刷基层处理剂。基层处理剂应采用与卷材配套的材料或采用同类涂料的底子油。

4．水泥类防水隔离层的防水性能和强度等级必须符合设计要求。

5．隔离层施工质量按《屋面工程质量验收规范》GB 50207 的有关规定检验。

四、措施

(1) 确保防水材料（卷材或涂料）的质量。

(2) 防水层要求有适宜的厚度，提高防水效果。

(3) 建筑地面面层施工时，不得破损防水层，不得扰动管道和套管。

(4) 认真做好管根部和地漏四周密封处理。

(5) 厕浴间、厨房等穿楼板管道套管必须有足够高度,一般高出地面面层 50mm。

(6) 防水材料在靠四周墙面处,向上铺涂高出面层 200~300mm,墙角加铺附加层。

(7) 厕浴间门口处防水层应向外延伸铺涂不少于 150mm。

(8) 认真控制找平层坡度,防止倒返水和积水。

五、检查要点

(1) 检查蓄水检验记录。

(2) 实地做蓄水检验,24h 内无渗漏为合格,并做好记录。

(3) 泼水或坡度尺检查观察有无积水,倒返水现象。

9.7 第5.7.4条

一、条文内容

不发火(防爆的)面层采用的碎石应选用大理石、白云石或其他石料加工而成,并以金属或石料撞击时不发生火花为合格;砂应质地坚硬、表面粗糙,其粒径宜为 0.15~5mm,含泥量不应大于 3%,有机物含量不应大于 0.5%;水泥应采用普通硅酸盐水泥,其强度等级不应小于 32.5;面层分格的嵌条应采用不发生火花的材料配制。配制时应随时检查,不得混入金属或其他易发生火花的杂质。

二、图示(图9-7)

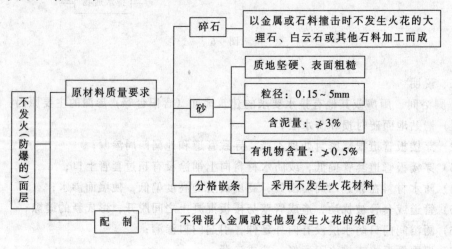

图 9-7

三、说明

1. 不发火性

是指当所有材料与金属或石块等坚硬物体发生摩擦、冲击或冲摩等机械作用时,不发生火花(或火星),致使易燃物引起发火或爆炸的危险。

2. 不发火地面常用于汽油库、弹药库、烟花生产厂房、仓库等地面。

3. 不发火性的试验方法

(1) 试验前的准备:

材料不发火的鉴定，可采用砂轮来进行。试验的房间应完全黑暗，以便在试验时易于看见火花。

试验用的砂轮直径为150mm，试验时其转速应为600～1000r/min，并在暗室内检查其分离火花的试件进行摩擦，摩擦时应加10～20N的压力，如果发生清晰的火花，则该砂轮即认为合格。

(2) 粗骨料的试验：

从不少于50个试件中选出做不发生火花试验的试件10个。被选出的试件，应是不同表面、不同颜色、不同结晶体、不同硬度的。每个试件重50～250g，准确度应达到1g。

试验时也应在完全黑暗的房间内进行。每个试件在砂轮上摩擦时，应加以10～20N的压力，将试件任意部分接触砂轮后，仔细观察试件与砂轮摩擦的地方，有无火花发生。

必须在每个试件上磨掉不少于20g后，才能结束试验。

在试验中如没有发现任何瞬时的火花，该材料即为合格。

(3) 粉状骨料的试验：

粉状骨料除着重试验其制造的原料外，并应将这些细粒材料用胶结料（水泥或沥青）制成块状材料来进行试验，以便于以后发现制品不符合不发火的要求时，能检查原因，同时，也可减少制品不符合要求的可能性。

四、措施

(1) 不发火（防爆的）面层所用的材料，必须按要求做不发火检验。

(2) 材料应分类堆放，不得与其他材料混放。

(3) 配制时，应随时检查，不得混入金属或其他易发生火花的杂质。

五、检查要点

(1) 检查砂、石、水泥等原材料合格证明文件和检测报告。

(2) 检查试件的不发火性试验报告。

10.《建筑装饰装修工程质量验收规范》GB 50210—2001

10.1 第3.1.1条

一、条文内容：

建筑装饰装修工程必须进行设计，并出具完整的施工图设计文件。

二、图示（图10-1）

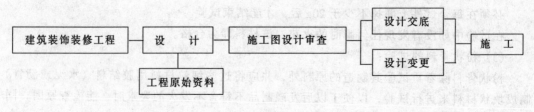

图10-1

三、说明

1．对设计单位的要求

（1）具备相应资质；

（2）建立有健全的质量管理体系；

（3）设计前对建筑物应进行实地了解和调查；

（4）施工前对施工单位进行图纸设计交底。

2．对施工图设计文件的要求

（1）符合城市规划、消防、环保、节能等规定；

（2）符合防火、防雷、抗震设计等国家标准规定；

（3）设计深度要符合国家规定和满足施工要求；

（4）选用的装饰装修材料、构配件、设备等要注明规格、型号、性能等技术指标，其质量必须符合国家标准；

（5）施工图必须经过审查机构审查。

四、措施

（1）建筑装饰装修应按有关规定进行报建。

（2）只有效果图或平面图，没有正式施工图设计的不得施工，更不允许施工单位自行设计。

五、检查要点

检查施工图设计审查文件。

10.2 第3.1.5条

一、条文内容

建筑装饰装修工程设计必须保证建筑物的结构安全和主要使用功能。当涉及主体和承重结构改动或增加荷载时，必须由原结构设计单位或具备相应资质的设计单位核查有关原始资料，对既有建筑结构的安全性进行核验、确认。

二、图示（图10-2）

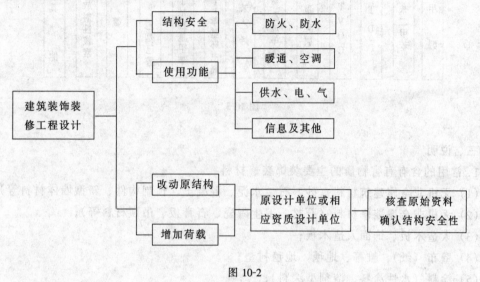

图10-2

三、说明

对既有建筑物的装饰装修改造，设计单位必须根据主体结构实际情况进行设计，不可盲目追求新奇、豪华，以免造成安全隐患。

四、措施

(1) 建筑装饰装修工程设计必须经施工图审查机构进行审查。

(2) 对既有建筑进行装饰装修设计时，必须核查主体结构的原始设计、施工有关资料。原结构安全性不能确认时，应经法定检测机构进行检测后，由设计单位复核确认。

(3) 既不是原设计单位，又不具相应资质的设计单位，不能进行承担建筑装饰装修设计。

(4) 只有效果图或平面图，不准施工。

五、检查要点

(1) 检查涉及改动或增加荷载的施工图设计文件。

(2) 检查对结构安全性核验、确认文件。

(3) 检查施工图设计审查文件。

10.3 第3.2.3条

一、条文内容

建筑装饰装修工程所用材料应符合国家有关建筑装饰装修材料有害物质限量标准的规定。

二、图示（图10-3）

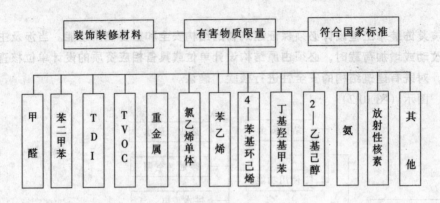

图 10-3

三、说明

1. 常用的含有有害物质的主要装饰装修材料

(1) 无机非金属建筑材料（砂、石、水泥、混凝土、预制构件、新型墙体材料等）；

(2) 无机非金属装修材料（石材、卫生陶瓷、石膏板、吊顶材料等）；

(3) 人造木板、饰面人造木板；

(4) 壁布（纸）、帷幕、地毯、地毯衬垫；

(5) 涂料（水性涂料、溶剂型涂料）；

(6) 胶粘剂（水性、溶剂型）；

(7) 水性处理剂（阻燃剂、防水剂、防腐剂）；

(8) 稀释剂、溶剂；

(9) 其他。

2. 有害物质限量国家有关标准规范

(1)《室内装饰装修材料人造板及其制品中甲醛释放限量》GB18580—2001；

(2)《室内装饰装修材料溶剂型木器涂料中有害物质限量》GB18581—2001；

(3)《室内装饰装修材料内墙涂料中有害物质限量》GB18582—2001；

(4)《室内装饰装修材料胶粘剂中有害物质限量》GB18583—2001；

(5)《室内装饰装修材料木家具中有害物质限量》GB18584—2001；

(6)《室内装饰装修材料壁纸中有害物质限量》GB18585—2001；

(7)《室内装饰装修材料聚氯乙烯卷材地板中有害物质限量》GB18586—2001；

(8)《室内装饰装修材料地毯、地毯衬垫及地毯胶粘剂中有害物质限量》GB18587—2001；

(9)《混凝土外加剂中释放氨的限量》GB18588—2001；

(10)《建筑材料放射性核素限量》GB6566—2001；

(11)《民用建筑工程室内环境污染控制规范》GB50325—2001；

(12) 其他标准、规范。

四、措施

(1) 设计单位应掌握有害物质含量标准，尽量选择有害物质含量较低的材料。

(2) 要求供货方提供合格的检测报告。

(3) 严禁使用国家明令淘汰的材料，选用环保型及有环保认可标志的材料。
(4) 不合格的（有害物质含量超标）材料严禁使用。

五、检查要点

检查进场材料合格证明和有害物质含量复检报告。

10.4 第3.2.9条

一、条文内容

建筑装饰装修工程所使用的材料应按设计要求进行防火、防腐和防虫处理。

二、图示（图10-4）

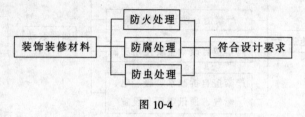

图10-4

三、说明

主要针对装饰装修工程中大量使用的木质材料而言，这些材料易燃、易腐、易蛀，所以必须进行处理，对一些金属材料也要求进行防火、防腐处理。

1．材料的防火处理

(1) 处理材料：

①防火浸渍剂（如铵氟合剂、氨基树脂等）；

②防火涂料（如丙烯酸乳胶涂料、氯乙烯涂料、酚醛防火漆、过氯乙烯防水漆等）；

③阻燃浸渍剂；

④阻燃涂料（如膨胀型过氯乙烯防火涂料等）。

(2) 处理方法：加压、浸渍。

2．材料的防腐防虫处理

(1) 处理药剂：

①水溶性（氟酚合剂、硼酚合剂、硼铬合剂、氟砷铬剂等等）；

②油溶性（混合防腐油、强化防腐油等等）；

(2) 处理方法：常温浸渍、压加、喷涂等。

3．对金属材料的防火、防腐

(1) 防火：涂刷防火涂料（如薄涂型防火涂料、厚涂型防火涂料）；

(2) 防腐：涂刷各种防锈漆。

四、措施

(1) 设计单位在设计中必须考虑对所用材料的防火、防腐、防虫处理。

(2) 施工单位必须认真落实防火、防腐、防虫处理方法，不得偷工减料。

五、检查要点

(1) 检查防火、防腐、防虫具体处理方法。

(2) 检查施工记录。

10.5 第3.3.4条

一、条文内容

建筑装饰装修工程施工中,严禁违反设计文件擅自改动建筑主体、承重结构或主要使用功能;严禁未经设计确认和有关部门批准擅自拆改水、暖、电、燃气、通讯等配套设施。

二、图示(图10-5)

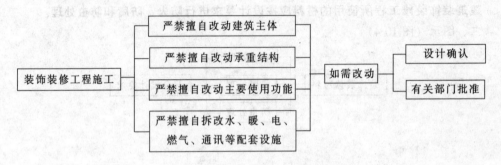

图 10-5

三、说明

目前装饰装修工程施工中存在的主要问题:

(1) 为扩大使用面积,随意拆改承重墙(如拆除连接阳台门窗的墙体,扩大原有门窗尺寸等),尾顶增设房间,乱设大型广告设施。

(2) 在承重墙上随意开洞(如另增加门窗等),在墙体上开凿水平槽。

(3) 在楼地面上增砌砖墙,使楼面荷载超重。

(4) 铺贴较厚、较重的地面材料,使楼面荷载超重。

(5) 在顶棚安装大型灯具、吊扇。

(6) 私自拆改厨、厕洁具,更换地板砖,破坏防水层,造成渗漏等。

(7) 擅自拆改水、暖、电、燃气、通讯等配套设施。

四、措施

(1) 施工单位不得擅自改动主体承重结构和主要使用功能。如擅自改动、将按强制性条文管理规定进行处理。

(2) 装饰装修设计、施工应纳入正常质量监督范围。

五、检查要点

(1) 检查有无擅自改动。

(2) 检查施工记录。

10.6 第3.3.5条

一、条文内容

施工单位应遵守有关环境保护的法律法规,并应采取有效措施控制施工现场的各种粉尘、废气、废弃物、噪声、振动等对周围环境造成的污染和危害。

二、图示（图 10-6）

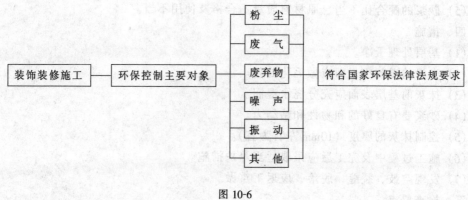

图 10-6

三、说明

环保是国家基本政策，施工单位必须提高施工过程中的环保意识，自觉遵守各项环保政策、法律、法规、规章，对造成的污染和危害应承担责任。

四、措施

(1) 加强环保知识宣传。

(2) 施工单位应投入人力和经费，采取有效的控制措施，制定切实可行的施工方案。

五、检查要点

(1) 检查控制措施和执行情况。

(2) 检查实际污染和危害情况。

10.7 第 4.1.12 条

一、条文内容

外墙和顶棚的抹灰层与基层之间及各抹灰层之间必须粘结牢固。

二、图示（图 10-7）

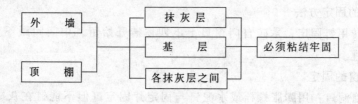

图 10-7

三、说明

抹灰层粘结不牢的主要原因：

(1) 基层处理不干净（如表面灰尘、脱模剂、油污等）。

(2) 基层表面太光滑（如混凝土顶棚，未做毛化处理，未使用界面剂）。

(3) 抹灰前基层表面湿润程度不够，使砂浆中的水分很快被基体吸收，影响砂浆粘结。

(4) 一次抹灰过厚、干缩率较大。

(5) 砂浆的配合比不当、原材料质量不合格及使用不当。

四、措施

(1) 基层处理干净。

(2) 光滑的混凝土表面应做毛化处理。

(3) 抹灰前基层表面应充分浇水湿润。

(4) 砂浆要有良好的和易性和粘结力。

(5) 控制抹灰的厚度（10mm左右为宜）。

(6) 施工过程中及完工后应采取适当养护措施。

(7) 发现空鼓、裂缝、脱落，应返工重做。

五、检查要点

观察有无空鼓、开裂、脱落现象。

10.8 第5.1.11条

一、条文内容

建筑外门窗的安装必须牢固。在砌体上安装门窗严禁用射钉固定。

二、图示（图10-8）

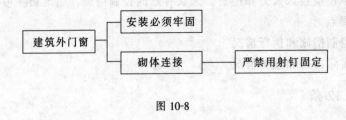

图10-8

三、说明

外门窗的固定方法：

1. 木门窗的固定方法

与预埋木砖用钉固定，木砖自门窗口上下四皮砖开始留，中间间距不大于60cm。木砖应做防腐处理。

2. 塑钢门窗的固定

(1) 对砖墙洞口：用膨胀螺栓或水泥钉与固定片固定（但不能钉在灰缝内），严禁使用射钉固定；

(2) 对混凝土洞口：用射钉或膨胀螺栓（钢制或塑料）与固定片固定；

(3) 对加气混凝土洞口：根据固定点位置和数量提前在墙内埋入混凝土预制块，用射钉或膨胀螺栓与固定片固定。

3. 铝合金门窗的固定

(1) 对砖墙洞口：用膨胀螺栓或水泥钉与固定片固定（但不能钉在灰缝内），严禁使用射钉固定；

(2) 对混凝土洞口：用射钉或膨胀螺栓（钢制或塑料）与固定片固定；

(3) 对加气混凝土洞口：根据固定点位置和数量提前在墙内埋入混凝土预制块，用射钉或膨胀螺栓与固定片固定。

4. 塑料与铝合金门窗固定点距窗角、中横框、中竖框 15~20cm，固定点小于或等于 60cm。

5. 考虑到砌体中的砖、混凝土块及灰缝砂浆强度较低，受冲击容易破碎，所以规定严禁用射钉固定。

6. 对高层建筑的推拉门窗扇必须有防脱落措施，以防意外脱落，造成安全事故。

7. 组合窗拼樘料的尺寸规格等应由设计确定，其壁厚应符合有关标准规定。

四、措施

(1) 施工前做好技术交底。

(2) 监理人员监理工作到位。

五、检查要点

(1) 检查固定方法和安装牢固程度。

(2) 检查高层建筑推拉门窗扇是否有防脱落措施。

10.9 第6.1.12条

一、条文内容

重型灯具、电扇及其他重型设备严禁安装在吊顶工程的龙骨上。

二、图示（图10-9）

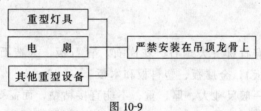

图 10-9

三、说明

1. 吊顶龙骨的种类

(1) 按施工工艺分明龙骨吊顶和暗龙骨吊顶；

(2) 按材料分木龙骨、轻钢龙骨和铝合金龙骨；

(3) 常用的饰面板有石膏板、金属板、矿棉板、玻璃板、格栅等；

(4) 龙骨吊杆有木吊杆和金属吊杆（钢筋、型钢），吊杆应通直，并有足够的承载能力。

2. 设置龙骨的目的是为了固定饰面材料，一些轻型设备如小型灯具、烟感器、喷淋头、风口箅子等可以固定在饰面材料上。

3. 重型灯具、电扇和其他重型设备，由于重量大，且有动荷载（电扇旋转），如固定在龙骨上，可能会造成脱落，造成事故。如需吊装，应另设吊钩（在现浇板或预制板缝内埋设吊钩、吊杆或采取其他措施）并应按规定作二倍的荷载试验。

四、措施

(1) 按设计规定的规格、型号、品种安装施工；如有违反，必须拆除。

(2) 重型灯具、电扇及其他重型设备在任何情况下都不得安装在吊顶龙骨上。

五、检查要点

检查重型灯具等安装情况及隐蔽记录。

10.10 第8.2.4条

一、条文内容

饰面板安装工程的预埋件（或后置埋件）、连接件的数量、规格、位置、连接方法和防腐处理必须符合设计要求。后置埋件的现场拉拔强度必须符合设计要求。饰面板安装必须牢固。

二、图示（图10-10）

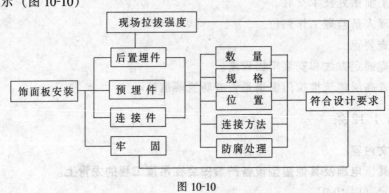

图 10-10

三、说明

(1) 饰面板主要有石材（大理石、花岗石、青石板、人造石材、剁斧石、蘑菇石），瓷板（抛光板、磨边板），金属板，塑料板和木板。

(2) 墙面饰面板一般尺寸大、厚、重，不能直接粘贴，而需要提前在墙上根据饰面板尺寸大小预埋埋件或后置埋件，再通过连接件与饰面板固定。

(3) 要求预埋件（或后置埋件）连接件数量、规格、位置、连接方法及防腐处理符合设计要求，是了为了确保安装牢固，以防饰面板脱落造成事故。

(4) 连接件应镀锌或防腐处理；大理石花岗石饰面板应用不锈钢连接件。

四、措施

严格按照设计要求进行饰面板安装。

五、检查要点

(1) 检查预埋件（或后置埋件）、连接节点的隐蔽工程验收记录。

(2) 检查后置埋件的现场拉拔检测报告。

10.11 第8.3.4条

一、条文内容

饰面砖粘贴必须牢固。

二、图示（图10-11）

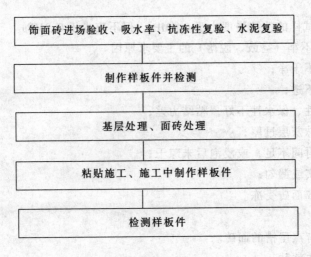

图 10-11

三、说明

1. 饰面砖主要种类

(1) 陶瓷面砖（釉面瓷砖、外墙面砖、陶瓷锦砖、陶瓷壁画、壁裂砖等）；

(2) 玻璃面砖（玻璃锦砖、彩色玻璃面砖、釉面玻璃等）。

2. 外墙饰面砖工程样板件粘结强度的检验应符合《建筑工程饰面砖粘结强度检验标准》JGJ110—97 的规定

(1) 粘结强度：

系指饰面砖与粘结层界面、粘结层自身、粘结层与找平层界面、找平层自身、找平层与基体界面上单位面积上所承受的粘结力。

(2) 试样规格：

用于饰面砖：95mm×45mm

用于马赛克：40mm×40mm

(3) 标准块粘贴（图 10-12，图 10-13）：

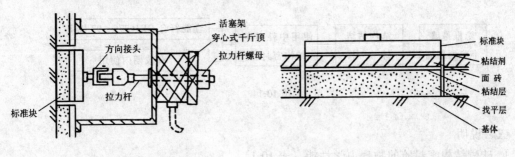

图 10-12 千斤顶安装　　　　　　图 10-13 标准块粘贴

(4) 粘结强度要求

在建筑物外墙上镶贴的同类饰面砖其粘结强度同时符合以下两项指标时定为合格：

① 每组试样平均粘结强度不小于 0.4MPa；

②每组有一个试样的粘结强度小于 0.4MPa，但不应少于 0.3MPa。

3．饰面砖粘结不牢（空鼓、脱落）的主要求原因

(1) 基层清扫不干净；

(2) 墙面浇水不透；

(3) 砂浆和易性、保水性不好，粘结力差；

(4) 一次打底抹灰层过厚；

(5) 面砖浸泡时间不足，或浸泡后未晾干；

(6) 勾缝不密实或漏勾；

(7) 冬季砂浆或面砖受冻。

四、措施

(1) 采用背面有燕尾槽的面砖。

(2) 采用满粘法粘贴。

(3) 粘贴样板墙。

(4) 面砖必须浸泡、晾干。

(5) 及时勾缝。

(6) 发现空鼓不牢、返工重贴。

五、检查要点

(1) 检查样板件粘结强度检测报告。

(2) 观察检查粘贴外观质量，有无空鼓、裂缝、脱落。

10.12　第9.1.8条

一、条文内容

隐框、半隐框幕墙所采用的结构粘结材料必须是中性硅酮结构密封胶，其性能必须符合《建筑用硅酮结构密封胶》（GB16776—97）的规定；硅酮结构密封胶必须在有效期内使用。

二、图示（图10-14）

图 10-14

三、说明

1．硅酮结构密封胶的物理力学性能（表10-1）

2．硅酮结构密封胶的检验指标，应符合下列规定

(1) 硅酮结构密封胶必须是内聚性破坏；

(2) 硅酮结构密封胶切开的截面应颜色均匀，注胶应饱满、密实；

(3) 硅酮结构密封胶的注胶宽度、厚度应符合设计要求，且宽度不能小于7mm，厚度不能小于 6mm。

表 10-1

序号	项目		技术指标
1	下垂度	垂直放置，mm 不大于	3
		水 平 放 置	不变形
2	挤出性，s	不大于	10
3	适用期，min	不小于	20
4	表干时间，h	不大于	3
5	邵氏硬度		30～60
6	拉伸粘结性	拉伸粘结强度 MPa，不小于 标准条件	0.45
		90℃	0.45
		-30℃	0.45
		浸水后	0.45
		水-紫外线光照后	0.45
		粘强破坏面积，% 不大于	5
7	热老化	热失重，% 不大于	10
		龟裂	无
		粉化	无

注：仅适用于双组份产品。

3. 硅酮结构胶的检验方法

(1) 垂直于胶条做一个切割面，由该切割面沿基材面切出个长度约 50mm 的垂直切割面，并以大于 90°方向手拉硅酮结构胶块，观察剥离面破坏情况，如图 10-15：

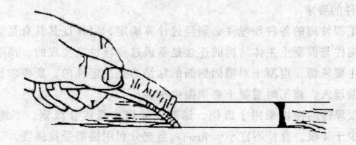

图 10-15 硅酮结构胶现场手拉试验示意

(2) 观察检查打胶质量，用分度值为 1mm 的钢直尺测量胶的厚度和宽度。

4. 硅酮结构胶的检测单位必须是国家经贸委认可的法定检测机构，并采用国家经贸委通过认可的生产企业（目前国内生产企业 8 家，国外生产企业 4 家）生产的产品（共 25 个品牌）。

5. 硅酮结构胶的检验应提供下列资料

(1) 每批硅酮结构胶的质量保证书和产品合格证；

(2) 结构硅酮胶剥离试验记录；

(3) 硅酮结构胶与实际工程用基材的相容性检验报告；

(4) 进口硅酮结构胶应有国家商检部门的商检证。

四、措施

(1) 采用的硅酮结构胶必须是国家经贸委认可的生产厂家和其产品。

(2) 不使用过期的结构胶。

五、检查要点

(1) 检查进口结构胶的商检合格证。

(2) 检查结构胶的质量保证书、产品合格证、剥离试验、相容性检测报告。

10.13 第9.1.13条

一、条文内容

主体结构与幕墙连接的各种预埋件，其数量、规格、位置和防腐处理必须符合设计要求。

二、图示（图10-16）

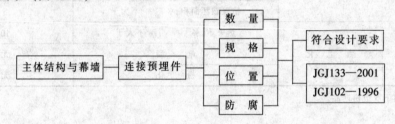

图10-16

三、说明

1. 对预埋件的要求

(1) 幕墙工程使用的各种预埋件必须经过计算确定，以保证其具有足够的承载力；

(2) 幕墙构件与混凝土主体结构的连接是靠通过预埋件来实现的，预埋件的锚固钢筋是锚固作用的主要来源，混凝土对锚固钢筋的粘结力是决定性的，所要求预埋件必须在主体混凝土浇筑前埋入，施工时混凝土必须振捣密实；

(3) 受力预埋件的锚板采用Ⅰ级钢，锚筋应采用Ⅰ级或Ⅱ级钢，不能采用冷加工钢筋。锚筋不宜少于4根，直径不宜小于8mm，当充分利用锚筋受拉强度，其最小锚固长度在任何情况下不小于250mm；

(4) 预埋件要做防腐处理；

(5) 预埋件的标高偏差不应大于±10mm；预埋件位置与设计位置偏差不应大于±20mm。

2. 当施工中未设预埋件、预埋件漏放、预埋件偏离设计位置、设计变更，旧建筑加装幕墙时，可使用后置埋件，如膨胀螺栓或化学螺栓，但必须进行现场拉拔试验，符合设计要求（膨胀螺栓是后置连接件，工作可靠性较差，只是在不得已时的补救措施，不能作为常规手段）。

四、措施

在浇筑主体结构混凝土时及时埋入预埋件，并保证其数量、规格、位置正确。

五、检查要点

(1) 对照图纸检查预埋件的数量、规格、位置、防腐情况。

(2) 检查预埋件牢固程度。

10.14 第9.1.14条

一、条文内容

幕墙的金属框架与主体结构预埋件的连接，立柱与横梁的连接及幕墙面板的安装必须符合设计要求，安装必须牢固。

二、图示（图10-17）

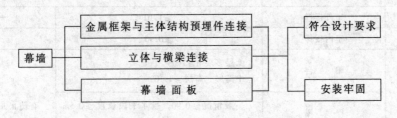

图 10-17

三、说明

1．幕墙框架与主体结构预埋件的连接，立柱与横梁的连接，要求能可靠地传递地震力、风力，及承受幕墙构件的自重，所以连接必须牢固。

2．幕墙立柱应直接与主体结构连接（图10-18）

有时由于主体结构平面的复杂性，使某些立柱与主体结构之间有较大的距离，难以直接在其上连接，这时应在立柱与主体结构之间设置连接桁架。

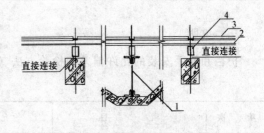

图 10-18 立柱与主体结构连接方式
1—连接钢桁架；2—横梁；3—玻璃；4—立柱

3．连接方法

横梁与立柱、立柱与锚固件或主体连接，通常通过焊缝、螺栓或铆钉实现。

四、措施

(1) 严格检查进场连接件、紧固件、螺栓、铆钉等的质量。

(2) 螺栓连接要有防松脱的措施，同一连接处的连接螺栓不应少于2个，且不能使用自攻螺钉。

(3) 立柱的上端应与主体结构固定连接，下端应为可上下活动的连接。

(4) 焊接连接的焊缝厚度、长度符合要求，并要求焊缝饱满、平整、光滑。

五、检查要点

(1) 检查连接方法及其连接质量。

（2）检查隐蔽工程验收记录。

10.15 第12.5.6条

一、条文内容

护栏高度、栏杆间距、安装位置必须符合设计要求。护栏安装必须牢固。

二、图示（表10-2）

表10-2

建筑物类别	场 所	护栏高度 h（m）	栏杆间距（mm）
托儿所幼儿园	阳台、屋顶、平台	≥1.20	净距≤110
	室内楼梯	≥0.60	净距≤110
中小学	室外楼梯	≥1.10	—
	室内楼梯	≥0.90	—
居住建筑	阳 台	低层多层 h≥1.05 中高层、高层≥1.10	有防止儿童攀登措施 净距≤110
	楼 梯	一般情况≥0.90，当水平段长度≥0.5m时，h≥1.05	
	外廊、内天井、外屋面	低层多层≥1.05 中高层、高层≥1.10	

三、说明

护栏和扶手安装的允许偏差和检验方法（表10-3）

表10-3

项次	项 目	允许偏差（mm）	检 验 方 法
1	护栏垂直度	3	用1m垂直检测尺检查
2	栏杆间距	3	用钢尺检查
3	扶手直线度	4	拉通线，用钢直尺检查
4	扶手高度	3	用钢尺检查

四、措施

（1）严格按照图纸设计规定的护栏高度与间距进行施工。

（2）安装时焊接或螺栓固定必须牢固。

五、检查要点

（1）手推检查是否牢固。

（2）用尺量测护栏高度与间距是否符合设计要求。

11.《建筑给水排水及采暖工程施工质量验收规范》 GB 50242—2002

11.1 第3.3.3条

一、条文内容

地下室或地下构筑物外墙有管道穿过的，应采取防水措施。对有严格防水要求的建筑物，必须采用柔性防水套管。

二、图示（图11-1）

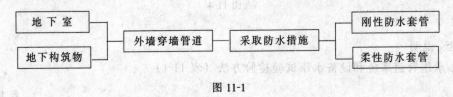

图11-1

三、说明

地下室或地下构筑物外墙穿墙管道采取防水措施是为了防止室外地下水位高或雨季地表水顺墙面通过管孔渗入室内。

防水措施常用的有刚性防水套管和柔性防水套管两种做法（图11-2，图11-3）。

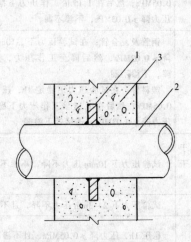

图11-2 管道穿墙的刚性连接
1—止水板；2—穿墙管；3—混凝土墙

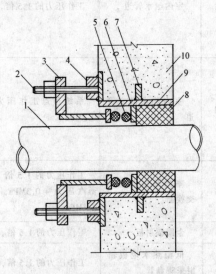

图11-3 管道穿墙的柔性连接
1—穿墙管；2—压紧螺栓；3—压紧支撑环；4—垫板；5—橡胶圈或沥青麻绳；6—填料隔板；7—止水板；8—沥青麻丝或油膏；9—预埋套管；10—混凝土墙

四、措施

套管制作和安装要按施工图或选用的标准图要求的材料、质量进行。

五、检查要点

对照施工图或标准图检查焊口、密封材料、防腐及安装质量。

11.2 第3.3.16条

一、条文内容

各种承压管道系统和设备应做水压试验，非承压管道系统和设备应做灌水试验。

二、图示（图11-4）

图11-4

三、说明

1. 承压管道系统和设备水压试验检验方法（表11-1）

表11-1

项次	管道或设备名称	试验压力	检验方法
1	室内给水管道	工作压力的1.5倍，但≮0.6MPa	金属及复合管：在试验压力下观测，10min，压力降≯0.02MPa，然后降到工作压力，不渗不漏 塑料管：在试验压力下隐压1h，压力降≯0.05MPa；然后在1.15倍工作压力下稳压2h，压力降≯0.03MPa，不渗不漏
2	室内热水供应管道	系统顶点工作压力+0.1MPa，但≮0.3MPa	钢管及复合管：在试验压力下，10min压力降≯0.02MPa，然后降至工作压力，压力不降，不渗不漏 塑料管：在试验压力下稳定1h，压力降≯0.05MPa；然后在1.15倍工作压力下稳压2h，压力降≯0.03MPa，连接处不渗漏
3	室内热水供应热交换器	工作压力的1.5倍，蒸汽部分不低于蒸汽压力+0.3MPa；热水部分不低于0.4MPa	试验压力下10min压力不降，不渗不漏
4	金属辐射板	工作压力的1.5倍，但≮0.6MPa	试验压力下2~3min压力不降，且不渗漏
5	低温热水地板辐射采暖盘管	工作压力的1.5倍，但≮0.6MPa	稳压1h，压力降≯0.05MPa，且不渗不漏
6	室内采暖系统管道	蒸汽、热水系统：系统顶点工作压力+0.1MPa，但≮0.3MPa 高温热水系统：系统顶点工作压力+0.4MPa 塑料、复合管热水系统：系统顶点工作压力+0.2MPa，但≮0.4MPa	钢管复合管采暖系统：在试验压力下10min内压力降≯0.02MPa，降至工作压力后不渗不漏 塑料管采暖系统：在试验压力下1h压力降≯0.05MPa，然后降至1.15倍工作压力、稳压2h，压力降≯0.03MPa，不渗不漏

续表

项次	管道或设备名称		试验压力		检验方法
7	室内给水管道系统		工作压力的1.5倍,但≮0.6MPa		钢管、铸铁管:试验压力下10min内压力降≯0.05MPa,然后降至工作压力,压力不变,不渗不漏 塑料管:试验压力下稳压1h,压力降≯0.05MPa,然后降至工作压力,压力不变,不渗不漏
8	室外消防给水系统		工作压力的1.5倍,但≮0.6MPa		试验压力下10min内压力降≯0.05MPa,然后降至工作压力,压力不变,不渗不漏
9	室外供热管道系统		工作压力的1.5倍,但≮0.6MPa		试验压力下10min内压力降≯0.05MPa,然后降至工作压力,压力不变,不渗不漏
10	锅炉汽水系统	锅炉本体	工作压力(MPa)	试验压力(MPa)	在试验压力下10min内压力降≯0.02MPa,然后降到工作压力,压力不降,不渗不漏 说明:工作压力P对蒸汽锅炉指锅筒工作压力。对热水锅炉指锅炉额定出水压力
			$P<0.59$	$1.5P$,但≮0.2	
			$0.59 \leqslant P \leqslant 1.18$	$P+0.3$	
			$P>1.18$	$1.25P$	
		可分式省煤器	P	$1.25+0.5$	
		非承压锅炉	大气压力	0.2	
11	分汽缸(分水器,集水器)		工作压力的1.5倍,但≮0.6MPa		试验压力下10min内无压力降,无渗漏
12	密闭箱(罐)		工作压力的1.5倍,但≮0.4MPa		试验压力下10min内无压力降,无渗漏
13	连接锅炉及辅助设备的工艺管道		系统中最大工作压力的1.5倍		试验压力下10min压力降≯0.05MPa,然后降至工作压力,不渗不漏
14	换热站热交换器		最大工作压力的1.5倍,蒸汽部分不低于蒸汽供汽压力+0.3MPa,热水部分不低于0.4MPa		试验压力下保持10min,压力不降

2. 非承压管道系统和设备的灌水、通水试验检验方法(表11-2)

表 11-2

项次	管道系统和设备	试验内容	检验方法
1	室内给水敞口水箱	满水试验	满水试验静置24h观察、不渗不漏
2	室内热水供应敞口水箱	满水试验	满水试验静置24h观察、不渗不漏
3	锅炉敞口箱、罐	满水试验	满水试验静置24h观察、不渗不漏
4	室内隐蔽或埋地排水管道	灌水试验	灌水高度不低于底层卫生器具的上边缘或底层地面高度;满水15min水面下降后,再灌满观察5min,液面不降,管道及接口无渗漏
5	室内排水主立管及水平干管	通球试验	通球球径≮排水管径2/3;通球率必须达到100%
6	室内雨水管道	灌水试验	灌水高度必须到每根立管上部的雨水斗;持续1h,不渗不漏

续表

项次	管道系统和设备	试验内容	检验方法
7	卫生器具	满水、通水试验	满水后各连接件不渗不漏；通水后给、排水畅通
8	室内排水管道	灌水、通水试验	按排水检查井分段试验，试验水头应以试验段上游管顶加 1m，不少于 30min，逐段观察；排水应畅通、无堵塞、管接口无渗漏

四、措施

(1) 按灌水试压方案及工艺原理操作，制定参试人员岗位责任制。

(2) 监理工程师等人员现场检查，确认后签字。

(3) 各个系统的试压记录不可混淆。

五、检查要点

(1) 检查接口、焊口、阀门及各转弯处。

(2) 检查试验压力表，观察压力降。

(3) 检查水压试验记录。

(4) 检查通水、通球、灌水试验记录。

11.3 第 4.1.2 条

一、条文内容

给水管道必须采用与管材相适应的管件。生活给水系统所涉及的材料必须达到饮用水卫生标准。

二、图示（图 11-5）

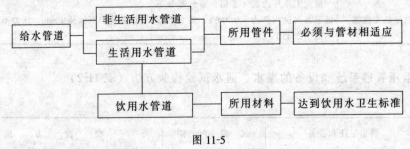

图 11-5

三、说明

1. 给水系统管材种类繁多，各种管材均有自己专用的管道配件及连接方法，为确保工程质量和使用安全，给水管道必须采用与管材相适应的管件。

2. 生活给水管道的涉及主要材料有

(1) 管材（镀锌钢管、铜管、不锈钢管、PPR、PEX、铝塑管等等）及其配件；

(2) 接管的密封填料、密封橡胶圈、麻、铅油、生胶带等；

(3) 生活蓄水池（箱）的内壁防水涂层；

(4) 箱体材料及组装水箱的密封垫片等。

上述材料必须达到饮用水卫生标准。

3．饮用水卫生标准（表 11-3）

表 11-3

项 目		标 准
感官性状和一般化学指标	色	色度不超过 15 度，并不得呈现其他异色
	浑浊度	不超过 3 度，特殊情况不超过 5 度
	臭和味	不得有异臭、异味
	肉眼可见物	不得含有
	pH	6.5～8.5
	总硬度（以碳酸钙计）	450mg/L
	铁	0.3mg/L
	锰	0.1mg/L
	铜	1.0mg/L
	锌	1.0mg/L
	挥发酚类（以苯酚计）	0.002mg/L
	阴离子合成洗涤剂	0.3mg/L
	硫酸盐	250mg/L
	氯化物	250mg/L
	溶解性总固体	1000mg/L
	氟化物	1.0mg/L
	氰化物	0.05mg/L
	砷	0.05mg/L
	硒	0.01mg/L
	汞	0.001mg/L
	镉	0.01mg/L
	铬（六价）	0.05mg/L
	铅	0.05mg/L
	银	0.05mg/L
	硝酸盐（以氮计）	20mg/L
	氯仿	60μg/L
	四氯化碳	3μg/L
	苯并（a）芘	0.01μg/L
	滴滴涕	1μg/L
	六六六	5μg/L
细菌学指标	细菌总数	100 个/mL
	总大肠菌群	3 个/L
	游离余氯	在与水接触 30min 后应不低于 0.3mg/L。集中式给水除出厂水应符合上述要求外，管网末梢不应低于 0.05mg/L
放射性指标	总 α 放射性	0.1Bq/L
	总 β 放射性	1Bq/L

四、措施

（1）进场的管材、管件应有主要性能指标和产品合格证，生活饮用水管材、管件，有卫生防疫部门的认可文件。

（2）不合格的材料不能安装。

五、检查要点

(1) 检查管材与管件是否相适应。

(2) 检查管材、管件合格证、复试报告及饮用水涉及材料的卫生部门认可文件。

11.4 第4.2.3条

一、条文内容

生活给水系统管道在交付使用前必须冲洗和消毒，并经有关部门取样检验，符合国家《生活饮用水标准》方可使用。

检验方法：检查有关部门提供的检测报告。

二、图示（图11-6）

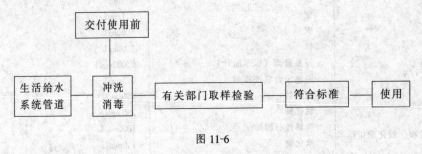

图11-6

三、说明

1. 冲洗是为了给水管道畅通，消除滞留或掉入管道内的杂质与污物，避免造成供水后管道堵塞和水质污染。

2. 消毒是为了保证水质纯净，无污染、无腐蚀性。

3. 冲洗顺序及方法

(1) 冲洗顺序：先冲洗底部主干管，再冲洗其他各干、立、支管，直到全系统管道；

(2) 方法：由给水入口控制阀的前面接上临时水源向系统供水；关闭其他支管控制阀门，只开启干管末端最底层阀门，由底层放水并引至排水系统。启动增压水泵向系统加压，由专人观察出水口的水质情况，冲洗管道流速不应小于1.5m/s。

4. 消毒方法

管道应采用含量不低于20mg/L氯离子浓度的清洁水浸泡24h，再次冲洗，直至水质管理部门取样化验合格为止。

5. 合格标准

观察各环路出水口的水质，无杂质、无沉淀物，水色透明度与入口处水质相比，无异样时取样检验，符合《生活饮用水标准》为合格。

四、措施

(1) 必须在系统水压试验合格后，交付使用前单独进行管道系统冲洗试验。

(2) 不得用水压试验后的泄水代替管道冲洗试验。

(3) 试验人员必须认真填写记录，签字存档。

(4) 不试验或试验不合格，不得交付使用。

五、检查要点

（1）检查有关部门提供的检测报告。
（2）检查管道冲洗和消毒记录。

11.5 第4.3.1条

一、条文内容

室内消火栓系统安装完成后应取屋顶层（或水箱间内）试验消火栓和首层取二处消火栓做试射试验，达到设计要求为合格。

检验方法：实地试射检查。

二、图示（图11-7）

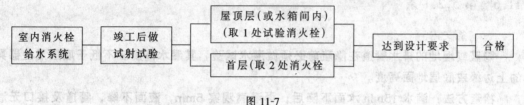

图 11-7

三、说明

1. 室内消火栓给水系统完成后，为了检验其使用效果，故应做试射试验。但不能逐个试射，故选取有代表性的三处：

屋顶试验消火栓—测其流量和压力（充实水柱）。

首层二处消火栓—检验两股充实水柱同时达到本消火栓应到达的最远点和能力。

2. 试射应具备的条件

（1）室内消火栓给水系统已安装完毕，水压试验合格；

（2）消火栓箱安装完毕，箱内设备齐全，水枪、水龙带均按要求挂（卷）好；

（3）箱内消防泵启动按钮导线接通，消防泵启动工作正常；

（4）首层消火栓如为减压消火栓（或减压孔板），应能证明其减压合格，工作安全；试验用消火栓压力表合格；

（5）消火栓系统的实际位置、规格与设计相符；

（6）试射有关人员均应到场。

3. 试射程序

选定消火栓—开启消防泵加压—控制指定部位试射—认定试射结果并记录—试射结束

4. 试射方法

（1）将屋顶检查试验用消火栓箱打开，按下消防泵启动按钮，取下消防水龙带，接好栓口和水枪，打开消火栓阀门，控制好水枪向上倾角30°、45°试射。观察压力表读数是否满足设计要求，观察射出的密集水柱长度（规范规定有7m、10m、13m三种）是否满足要求并做好记录。

（2）在首层（按同样步骤）将两支水枪控制在要测试的房间或部位，按向上30°或45°倾角试射，观察其两股水柱（密集、不散花）能否同时到达，并做好记录。

（3）试射完毕，关闭消防水泵，将消火栓水枪、水龙带等恢复原状，及时排水，清理现场。

四、措施

(1) 试射现场应按程序试验，有关人员要做好记录并签字认可。

(2) 试射屋顶时应向院内或无人停留处试射；首层试射要选定无任何设备和物资的场地，并找好下水出路。

(3) 试射人员要经过培训，能正确使用水枪，能正确判断水柱长度。

五、检查要点

(1) 实地观察检查试射情况。

(2) 检查试射记录。

11.6 第 5.2.1 条

一、条文内容

隐蔽或埋地的排水管道在隐蔽前必须做灌水试验，其灌水高度应不低于底层卫生器具的上边缘或底层地面高度。

检查方法：满水 15min 水面下降后，再灌满观察 5min，液面不降，管道及接口无渗漏为合格。

二、图示（图 11-8）

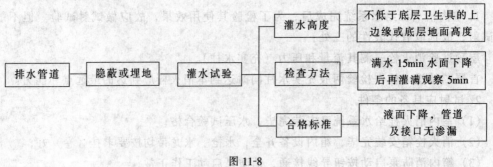

图 11-8

三、说明

隐蔽或埋地排水管道在隐蔽前做灌水试验，目的是防止管道本身及接口渗漏。如隐蔽后再灌水，一旦发生渗漏便不易查找具体部位了。

1. 灌水试验前应达到的条件

(1) 暗装或埋地的排水管道已分段或全部施工完毕，接口已达到强度。管道标高、坐标已经复核达到质量标准；

(2) 管道和接口均未隐蔽，有防露或保温要求的管道尚未进行，管外壁及接口处均保持干燥；

(3) 工作环境为常温，符合作业条件；

(4) 对于高层建筑和系统复杂的工程已制定好分区、分段、分层试验方案及措施；

(5) 有关人员已到场。

2. 试验程序

封闭排水出口—向管内灌水—检查渗漏—第二次灌水—做试验记录—通球试验

3. 试验合格后，从室外排水口放净管内积水，拆除全部试验临时接出的短管，拆管时严禁污物落入管中。

如试验不合格,应对管道及各接口、堵口做全面复检、修复,排除渗漏因素后重新按上述方法进行灌水试验,直到合格为止。

4．通球试验

为了防止水泥、砂浆、铅丝等异物卡在管内,高层建筑排水系统做完灌水试验后,必须再做通球试验,以检查排水至干管过水断面是否减小。

（1）球径：不小于管内径的2/3；

（2）试验顺序：从上而下进行,球从排水立管顶端投入,注入一定量水,使球能顺利流出。如有堵塞,应查明位置并进行疏通。

5．灌水和通球试验完毕合格后,及时对管道进行防腐、保温、防漏处理,并进行隐蔽。

四、措施

（1）不进行灌水试验,不得隐蔽,严禁下道工序施工。

（2）认真填写试验记录,要求数据真实,签证齐全。

（3）严格控制灌水高度和时间。

五、检查要点

（1）实地观察检查灌水试验。

（2）检查试验记录。

11.7 第8.2.1条

一、条文内容

管道安装坡度,当设计未注明时,应符合下列规定：

（1）气、水同向流动的热水采暖管道和汽、水同向流动的蒸汽管道及凝结水管道,坡度应为3‰,不得小于2‰；

（2）气、水逆向流动的热水采暖管道和汽、水逆向流动的蒸汽管道,坡度不应小于5‰；

（3）散热器支管的坡度应为1%,坡向应利于排气和泄水。

检验方法：观察,水平尺、拉线、尺量检查。

二、图示（图11-9）

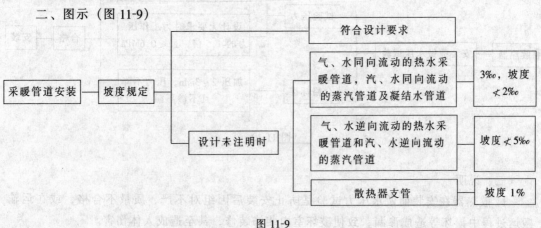

图 11-9

三、说明

室内采暖系统管道的坡向：

（1）热水采暖系统管道：

①供水干管坡向：采用逆坡敷设（水流方向与坡度方向相反）。空气易汇集在干管最高点处，在该部位设置排气装置可将空气从此排出系统；

②回水干管坡向：采用顺坡敷设。

（2）蒸汽采暖系统管道：

①供汽干管坡向：采用顺坡敷设。可减少汽水的相碰撞而引起的水击现象，有利于凝结水的流动和排除；

②凝结水干管坡向：采用顺坡敷设。

（3）散热器支管坡向：供回水支管均顺坡敷设。

四、措施

（1）预埋管道支架、吊架时，要按照设计要求的坡度和坡向敷设。可先确定水平管道两端的标高、中间的支、吊架标高，由该两点拉直线确定。

（2）水平干管的支架、吊架间距应符合规范规定。间距过大将使管道产生弯曲，形成局部倒坡。

（3）立管下料长度应准确。过长可能造成散热器支管倒坡。

（4）做好成品保护，避免水平干管和散热器被踩踏下移，造成倒坡。

五、检查要点

水平尺、拉线、尺量检查采暖水平干管和散热器的坡度及坡向。

10.8 第8.3.1条

一、条件内容

散热器组对后，以及整组出厂的散热器在安装之前应做水压试验。试验压力如设计无要求时应为工作压力的1.5倍，但不小于0.6MPa。

检验方法：试验时间为2~3min，压力不降且不渗不漏。

二、图示（图11-10）

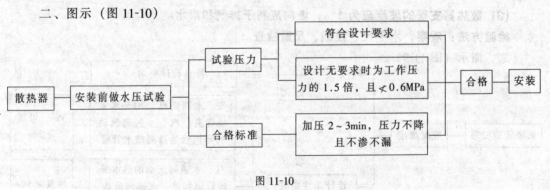

图 11-10

三、说明

1. 散热器在安装前做水压力试验是防止安装后因组对不严、质量不合格，或在运输搬运过程中损坏等造成渗漏，致使破坏室内装饰装修，甚至造成人体伤害。

2．试验方法

(1) 将散热器安装在试验台上，固定好临时丝堵和补心，安装排气阀和手动试压泵；

(2) 接好试压管道，开启进水阀门向散热器内充水，同时开排气阀，排净散器内的空气，待水灌满足后，关闭排气阀；

(3) 缓慢升压至试验压力，关闭进水阀门，稳压 2～3min，观察压力表压力是否下降，接口是否渗漏。压力不降且不渗不漏为合格，如有渗漏进行返修后，再重新试验。直至合格。

四、措施

(1) 散热器进场安装前必须对每组进行试验，并应在监理人员监督下进行，合格后做好记录。

(2) 对试验不合格的散热器，属于现场组对的，现场返修后重新试验；属于整组出厂的，必须退换或由厂家返修。

五、检查要点

(1) 现场观察水压试验全过程。

(2) 检查水压试验记录。

11.9 第 8.5.1 条

一、条文内容

地面下敷设的盘管埋地部分不应有接头。

检验方法：隐蔽前现场查看。

二、图示（图 11-11）

图 11-11

三、说明

(1) 低温热水地板辐射采暖系统的盘管，因为隐蔽埋在填充层及地面内，如果有接头，将造成渗漏隐患。地面装饰以后一旦发生渗漏，难以进行检修和更换处理，所以为确保质量，消除隐患，要求地下盘管不应有接头。

(2) 盘管为卷装出厂，有足够长度，合理布置可以避免留有接头。

四、措施

(1) 要求设计在系统分环路布置上应合理，选择适合的长度，避免接头。

(2) 安装过程中，做好成品保护，避免损坏盘管。如有损坏，必须整根更换，不得粘补或打卡箍处理。

五、检查要点

隐蔽前现场检查盘管有无接头，是否破损。

11.10 第8.5.2条

一、条文内容

盘管隐蔽前必须进行水压试验,试验压力为工作压力的1.5倍,但不小于0.6MPa。检验方法,隐压1h内压力降不大于0.05MPa,且不渗不漏。

二、图示（图11-12）

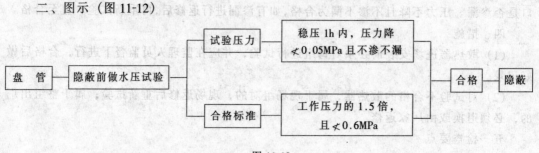

图 11-12

三、说明

1. 水压试验前应具备的条件

（1）盘管已安装完毕。

（2）对试压管道有可靠的安全固定和保护措施,冬季试验有防冻措施。

（3）为确保质量,在浇筑混凝土填充层之前和填充层养护期满之后,分别进行一次水压试验,或在混凝土填充层浇筑和养护期内保持管道压力不变。

（4）有关人员已经到场。

2. 试验方法

（1）经分水器缓慢注水,并将盘管内空气排净,充满水后进行严密性检查。

（2）采用手压泵缓慢升压,升压时间一般不少于15min。

（3）升压至试验压力后停止,稳压1h,观察有无渗漏现象。

3. 如压力降超过规定值,应查找原因,出现渗漏更换盘管。

四、措施

（1）进场盘管质量,确保合格,无接头,不渗不漏。

（2）监理人员必须全过程监督水压试验。

（3）盘管渗漏必须整根更换,不得粘补或打卡箍处理。

五、检查要点

（1）检查盘管出厂合格证明文件和性能复验报告。

（2）检查水压试验记录。

11.11 第8.6.1条

一、条文内容

采暖系统安装完毕,管道保温之前应进行水压试验。试验压力应符合设计要求。当设计未注明时,应符合下列规定:

（1）蒸汽、热水采暖系统,应以系统顶点工作压力加0.1MPa做水压试验,同时在系统顶点的试验压力不小于 **0.3MPa**。

(2) 高温热水采暖系统，试验压力应为系统顶点压力加 **0.4MPa**。

(3) 使用塑料管及复合管的热水采暖系统，应以系统顶点工作压力加 **0.2MPa** 做水压试验，同时在系统顶点的试验压力不小于 **0.4MPa**。

检验方法：使用钢管及复合管的采暖系统应在试验压力下 10min 内压力降不大于 0.2MPa，降至工作压力后检查，不渗、不漏；

使用塑料管的采暖系统应在试验压力下 1h 内压力降不大于 0.05MPa，然后降压至工作压力的 1.5 倍，稳压 2h，压力降不大于 0.03MPa，同时各连接处不渗、不漏。

二、图示（图 11-13）

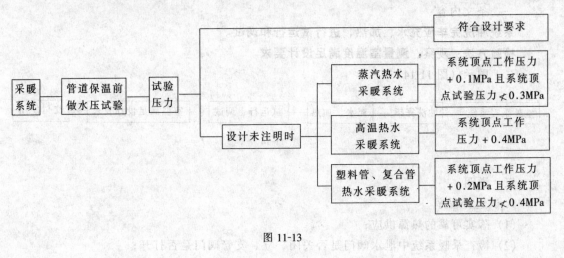

图 11-13

三、说明

1. 试验方法

(1) 制定试压程序和技术措施；

(2) 在试压管路的加压泵端和系统末端，安装压力表（量程为试验压力的 1.5~2 倍，精度为 2.5 级）；

(3) 检查各类阀门的开关状态；

(4) 打开上水阀门向系统中注水，同时开启系统上各高点处的排气阀，使管道及采暖设备内空气排净。注满水后关闭排气阀和进水阀；

(5) 打开连接加压泵的阀门，用电动或手动加压泵向系统加压，一般分二至三次升至试验压力，每升压一次对系统全面检查有无异常；

(6) 如发现渗漏，做好标记，以便返修。

2. 评定

(1) 使用钢管及复合管的采暖系统，在试验压力下 10min 内压力降不大于 0.02MPa，降至工作压力后检查，不渗、不漏为合格；

(2) 使用塑料管的采暖系统在试验压力下 1h 内压力降不大于 0.05MPa，然后降压到工作压力的 1.15 倍，稳压 2h，压力降不大于 0.03MPa，同时各连接处不渗、不漏，为合格。

四、措施

(1) 根据水源的位置和系统情况，制定试压方案，并严格实施。

(2) 水压试验必须在监理人员的监督之下进行。合格后，认真填写试压记录。

(3) 如不合格应查明原因，立即返修，重新试验。

五、检查要点

(1) 现场检查水压试验。

(2) 检查水压试验记录。

11.12 第8.6.3条

一、条文内容

系统冲洗完毕应充水、加热，进行试运行和调试。

检验方法：观察、测量室温度满足设计要求。

二、图示（图11-14）

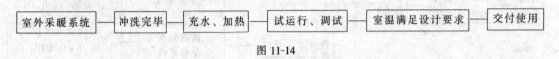

图 11-14

三、说明

1. 试运行程序

(1) 落实可靠的热源供应；

(2) 检查采暖系统中泄水阀门是否关闭，立、支管阀门是否打开；

(3) 向系统内充入介质（热水或汽），打开系统最高点放气阀，开启用户入口阀门，热电厂净系统中的冷气；

(4) 系统内最高点充满水后，打开总供水阀门，关闭循环管阀门，使系统正常循环；

(5) 系统运行正常后，如发现热度不匀，应调整各个分路，主、支管上的阀门，使其基本平衡。

2. 通过24h正常运行后，测定室内温度，检查是否满足设计要求，民用建筑室内温度允许偏差为 +2℃、-1℃。

四、措施

(1) 设计、监理、建设、施工单位有关人员应共同参加试运行和调试。

(2) 在试运行和调试过程中，如因设计方造成的热力失衡，应由设计单位确认并负责限期整改；因施工单位安装导致的热力失衡应由施工单位返修。最后共同验收合格方可交付使用。

五、检查要点

(1) 检查试运行和调试方案和记录。

(2) 测量室温。

11.13 第9.2.7条

一、条文内容

给水管道在竣工后,必须对管道进行冲洗,饮用水管道还要在冲洗后进行消毒,满足饮用水卫生要求。

检验方法: 观察冲洗水的浊度,查看有关部门提供的检验报告。

二、图示(图11-15)

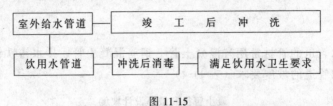

图 11-15

三、说明

室外给水管道在安装过程中,管内会存一些尘土、砂粒、铁锈末、焊渣等;同时管材在运输、安装过程,管内还会被污染,甚至滋生大量细菌;另外塑料管为高分子化合物,如UPVC管盛水后,所含氯乙烯单体也会进入水中,饮用后影响健康。故要求给水管道竣工后必须进行冲洗和消毒。

1. 冲洗方法

(1) 冲洗水应选用合乎卫生要求的自来水,要有足够的水量和压力;

(2) 冲洗时间:在试压合格后,水表安装和投入使用前进行;

(3) 冲洗速度:尽可能大,在管网中最大管径处的冲洗速度应大于1.5m/s,同时可多开几处放水点;

(4) 当各冲洗出口处的水色与进水处水色相同时为止。

2. 消毒

(1) 在冲洗后进行;

(2) 消毒用含10~20mg/L的游离氯水灌满管道,并在管道中留置24h以上再放出;

(3) 消毒水放出后,必须再用自来水冲洗,取样送检。

四、措施

(1) 冲洗和消毒过程中,必须有监理工程师监督进行,并负责取样送样。

(2) 消毒必须有卫生防疫部门出具的检验报告。消毒报告不合格,必须重新进行消毒直到合格。

五、检查要点

(1) 检查冲洗记录。

(2) 检查卫生防疫部门出具的消毒检测报告。

11.14 第10.2.1条

一、条文内容

排水管道的坡度必须符合设计要求,严禁无坡或倒坡。

检验方法: 用水准仪、拉线和尺量检查。

二、图示(图11-16)

图 11-16

三、说明

1．室外排水管道的管材常用有混凝土管、钢筋混凝土管、排水铸铁管和塑料管。

2．室外排水管道的坡度要求（表11-4）

最小管径和最小设计坡度　　　　表 11-4

管　别	位　置	最小管径（mm）	最小设计坡度
污水管	在街坊和厂区的	200	0.004
	在街道下	300	0.003
雨水管和合流管		300	0.003
雨水口连接管		200	0.01
压力输泥管		150	

注：①管道坡度不能满足上述要求时，可酌情减小，但应有防淤、清淤措施。
②自流输泥管道的最小设计坡度宜采用0.01。

3．排水管道采用承插接口时，管道和管件的承插口应与水流方向相反。

4．管道埋设前必须做灌水和通水试验，排水应畅通，不积水，不堵塞，无渗漏。

四、措施

(1) 细致做好管道的坐标和标高测量、土方开挖、管底垫层等检验工作，确保坡度正确。

(2) 铺设管道前对沟底基土、垫层、支墩等进行检查，保证坚实，不松动下沉，不受冻。

(3) 当排水管道无坡、倒坡或小于设计坡度的1/3时，要返工重做。

五、检验要点

(1) 检查排水管道测量记录。

(2) 实地测量检查管道坡度。

11.15　第11.3.3条

一、条文内容

管道冲洗完毕应通水、加热，进行试运行和调试。当不具备加热条件时，应延期进行。

检验方法：测量各建筑物热力入口处供回水温度及压力。

二、图示（图 11-17）

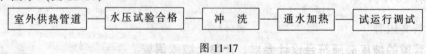

图 11-17

三、说明

室外供热管网分压力不大于0.7MPa的饱和蒸汽管网和水温不超过130℃的热水管网。管道试运行和调试必须在水压试验合格及冲洗后进行。

1．热水管道的通水和加热

(1) 向热水管道中通水应是经过处理的软化水；

(2) 通水时要排净管道中的空气；水灌满后再加热升温，同时开启循环泵，使供水温度达到设计温度。

2．蒸汽管道的通汽和供热

(1) 供汽时要缓慢增大供汽量；

(2) 供汽宜和室内供汽系统同时配合进行，以节省能源和保证安全；

(3) 设专人观察伸缩器、阀门、支架、三通等处的变化情况，以防渗漏，热胀拉裂管道。

3．调试

(1) 调试前应制定调试方案并严格实施；

(2) 调试中使用的压力表和温度计量程，必须满足设计要求；压力表不得超过检测使用期；

(3) 调试步骤：

第一步：使同类建筑物进水总管和回水总管的温度落差基本一致；

第二步：使每栋房屋内的分系统和每组散热器散热能力基本一致。

四、措施

(1) 管道的通水、加热和调试应制定实施方案。

(2) 监理、建设、施工单位有关人员应共同参加试运转和调试。

(3) 如调试达不到设计要求，应及时查找原因，重新调试。

五、检查要点

(1) 测量建筑物热力入口处供回水温度和压力。

(2) 检查调试记录。

11.16 第13.2.6条

一、条文内容

锅炉的汽、水系统安装完毕后，必须进行水压试验。水压试验的压力应符合表11-5的规定。

水压试验压力规定　　　　表11-5

项次	设备名称	工作压力 P（MPa）	试验压力（MPa）
1	锅炉本体	$P<0.59$	$1.5P$，但不小于0.2
		$0.59 \leq P \leq 1.18$	$P+0.3$
		$P>1.18$	$1.25P$
2	可分式省煤器	P	$1.25P+0.5$
3	非承压锅炉	大气压力	0.2

注：①工作压力 P 对蒸汽锅指锅筒工作压力，对热水锅炉指锅炉额定出水压力；

②铸铁锅炉水压力试验同热水锅炉；

③非承压锅炉水压试验压力为0.2MPa，试验期间压力应保持不变。

检验方法：

（1）试验压力下 10min 内压力降不超过 0.02MPa；然后降至工作压力进行检查，压力不降，不渗、不漏；

（2）观察检查，不得有残余变形，受压元件金属壁和焊缝上不得有水珠和水雾。

二、图示（图 11-18）

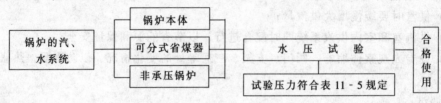

图 11-18

三、说明

1. 锅炉安装完毕进行水压试验，是为了检验锅炉本体和省煤器等的耐压强度和严密性，确保运行时的安全性。

对于快装锅炉，虽然在出厂前对锅体已做过水压试验，但锅炉在置放、运输、吊装等过程中可能会出现保管不当，碰撞等造成锅炉损伤、锈蚀、异物堵塞等情况，然后仍需做水压试验。

对非承压锅炉，为保证其安全运行，也要求进行水压试验。因其工作压力为零，试验压力取 0.2MPa。

2. 水压试验时的时间应在锅炉及省煤器安装就位，本体管道及阀门（上水阀门、排污阀、主汽阀或出水阀）安装完后进行。在北方地区冬季施工时可以烘炉之前，并试压结束后应立即烘炉的条件下进行。

3. 由于省煤器与锅炉的工作压力不同，试验压力要求不同，应分别进行水压试验，有时也可以串联在一起进行。串联在一起水压试验时，应在灌满水后将省煤器至锅炉的上水阀关闭，试压泵接至省煤器一侧，先升压至省煤器的试验压力进行检查，试压合格后再打开上水阀门，压力降至锅炉试验压力一起进行试压检验。

4. 水压试验应具备的条件

（1）将锅炉人孔盖和集箱上的手孔盖打开。进行清理与检查，后封闭人孔和手孔；

（2）留出锅炉试压时的进出口，关闭其他暂不使用的阀门；

（3）连接好试压系统管道，安装试压泵，压力表应检验合格；

（4）应在环境温度高于 5℃时进行试压，气温与水温不宜相差太多，避免产生结露现象而影响判断；

（5）打开前后烟箱门，暴露出前后管板，以便在试压时观察前后管板胀管处有无渗漏。

5. 水压试验

（1）打开给水阀门向炉内注水，注水时打开锅炉顶部排气阀，注满水后再关闭排气阀；

（2）启动试压泵升压，升压应缓慢。升至工作压力时，暂停升压，检查炉体各部位焊口有无渗漏；

(3) 检查无异常后，继续升压到试验压力。关闭进水阀门，稳压 10min，压降不得超过 0.02MPa，然后降至工作压力，压力不降，不渗不漏；

(4) 试压完毕，做好记录和签认手续，将水排尽恢复原状。

四、措施

(1) 各锅炉和省煤器都应单独进行试验。

(2) 如试验不合格，认真查找原因，及时返修或更换部体和材料，重新试验。

(3) 试验时必须有监理单位，建设单位和技术监督部门技术人员参加，共同查看试验过程和结果，共同签署试验记录。

五、检查要点

(1) 检查水压试验记录。

(2) 观察检查，不得有残余变形，受压元件金属壁和焊缝上不得有水珠和水雾。

11.17 第 13.4.1 条

一、条文内容

锅炉和省煤器安全阀的定压和调整应符合表 13.4.1 的规定。锅炉上装有两个安全阀时，其中的一个按表中较高值定压，另一个较低值定压。装有一个安全阀时，应按较低值定压。

二、图示（图 11-19）

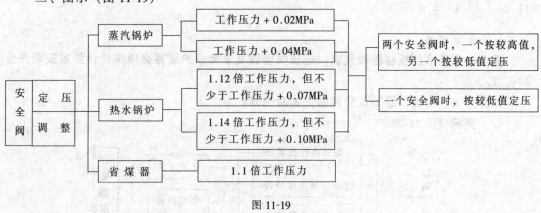

图 11-19

三、说明

1. 为了保证锅炉安全运行，必须把各部安全阀定压的调整到规定的动作压力，一旦锅炉超过规定压力，安全阀会自动打开。将压力泄放。使锅炉内压力降到正常运行状态，避免锅炉爆裂等恶性事故。

2. 动作压力是指锅炉因为某种原因超压到一定程度时，安全阀会自动打开，此压力称为安全阀的动作压力。对蒸汽锅炉动作压力分为开启压力、启座压力和回座压力；对热水锅炉只有开启和回座压力；本规定只规定了安全阀的开启压力。

3. 安全阀的定压和调整

(1) 对蒸汽锅炉：

锅炉升压时，检查安全阀阀芯与阀座有无粘性、卡住现象。随着压力升高安全阀芯开始启动并少量排气，此时相应压力为开启压力；压力进一步升高阀芯跳起，大量蒸汽排出并发出鸣响，此时的压力为启座压力。当关闭全部出汽阀门。启动全部安全阀后，锅炉压力应停止上升。当降低压力阀芯下落在阀座上时所对应的压力为回座压力；

(2) 对热水锅炉：

应在锅炉水温达到设计温度时关闭出水阀门，利用被泵进行升压试验安全阀的开启压力和回座压力；

(3) 省煤器安全阀的开启压力试验可在水压试验的同时进行；

(4) 当压力升到安全阀的开启压力时安全阀并未动作。可做手动试验，如手动仍不见效，应立即降压，找出原因，清除故障后再试验。

四、措施

(1) 对每一个安全阀都应经过专门机构进行定压，并经过热状态下的试验和调整。

(2) 安全阀定压日期到投入使用不得超过半年；试验和调整应在锅炉48h后带负荷试运行时先行进行，合格后再使用。

(3) 定压和调整监理、建设、施工及技术监督部门专业人员参加，共同签署试验记录。

五、检查要点

检查定压调整记录。

11.18 第13.4.4条

一、条文内容

锅炉的高低水位报警器和超温、超压报警器及联锁保护装置必须按设计要求安装齐全和有效。

检验方法： 启动、联动试验并做好试验记录。

二、图示（图11-20）

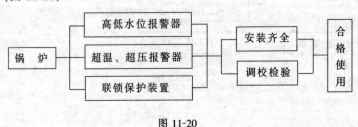

图11-20

三、说明

(1) 锅炉中水位过高（满水）和过低（缺水）会造成重大运行事故，甚至会发生爆炸事故。热水锅炉中超温会产生汽化现象，大大增加锅炉和管道内的压力；热水和蒸汽锅炉超压，也将会给锅炉和供热系统造成严重损害。

为了保证对安全事故及时报警和处理，消除事故在初起阶段，因此要求报警装置和联锁保护必须齐全、有效。

(2) 锅炉的报警和联锁保护装置调校检验应在锅炉48h试运行初，安全阀热状态下调试的同时进行。

四、措施

做好启动、联锁试验，合格后填写好记录。

五、检查要点

检查试验记录。

11.19 第13.5.3条

一、条文内容

锅炉在烘炉、煮炉合格后，应进行48h的带负荷连续试运行，同时应进行安全阀的热状态定压检验和调整。

检验方法：检查烘炉、煮炉及试运行全过程。

二、图示（图11-21）

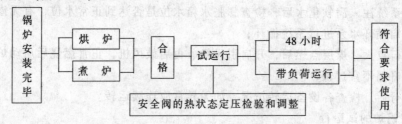

图11-21

三、说明

1. 烘炉的目的是将刚施工完毕的炉膛内耐火衬里，隔墙，烟道，砖砌烟囱等烟气通道均进行烘烤。因耐火衬里、烟囱潮湿水分很大，必须通过烘烤将其烘干，使灰缝耐火泥的强度增加。烘烤可用林枝、木材等作为燃料。烘烤宜微火慢烤、切忌大火急烘，使内部水分急剧蒸发，体积膨胀，不能时排放出法，造成炉墙，烟道内压过高而产生裂缝。

2. 烘炉应符合下列规定

（1）火焰应在炉膛中央燃烧，不应直接烧烤炉墙及炉拱；

（2）烘炉时间一般不少于4d，升温应缓慢，后期烟温不应超过160℃，且持续时间不应少于24h；

（3）链条炉排在烘炉过程中应定期转动；

（4）烘炉的中、后期应根据锅炉水水质情况排污；

（5）炉墙经烘烤后没有变形，裂纹及塌落现象；

（6）炉墙砌筑砂含水率达到7%以下。

3. 煮炉的目的是向炉内投入一定量的药剂，将锅炉在制造或运输中，附着在受热面内壁上的油污、泥垢、铁锈等溶解清除掉，以保证锅炉安全运行和蒸汽与热水的品质。

一般烘炉与煮炉可同时进行，也可先烘后煮。

4. 煮炉应符合下列规定

（1）煮炉时间一般为2~3d，如蒸汽压力较低可适当延长时间；

（2）煮炉用药剂（常用氢氧化钠、磷酸三钠、碳酸钠等）应预先在容器内溶解后，再一次性投入炉内；

(3) 煮炉结束后，锅筒和集箱内壁应无油垢，擦去附着物后金属表面无锈斑。

5. 锅炉试运行的目的是通过连续48h试运行，既可以完成各种检验和调试，又可以充分反映整装锅炉制造、安装和运行的质量情况，并使操作者全面了解和掌握锅炉的性能和操作规律。

6. 锅炉试运行应具备的条件

(1) 热水锅炉注满水；蒸汽锅炉达到规定水位；

(2) 循环水泵、给水泵、注水器、鼓风机、引风机、运转正常；

(3) 与室外供热管道隔断；

(4) 安全网全部开启；

(5) 锅炉水质符合标准。

7. 热水锅炉的试运行

(1) 向系统注入满软化水后，检查膨胀水箱水位是否达到正常水位，有无渗漏。一切正常后，开启循环水泵进行系统循环；

(2) 进行点火，煤层点燃后，开启引风机、再启鼓风机，正常燃烧后启动炉排，调整鼓引风量。升温不宜过快；

(3) 运行后，检查各设备运转情况，如无异常应连续运转。

8. 蒸汽锅炉的试运行

(1) 打开进水阀，关闭蒸汽出口阀。启动给水泵：向炉内注入软化水。水位至水位计的最低水位处，检查水位是否稳定；

(2) 点火升温，初始升温、升压需缓慢（初始升压到工作压力时间以 3～4h 为宜），检查压力表和入孔等处有无泄漏蒸汽；

(3) 蒸汽压力稳定后，如安全阀未预先进行调整开启动作压力时，可带压调整；

(4) 应进行排水，以检查排污阀启闭是否正常；同时给锅炉上水，以保证低水位线；

(5) 上述均正常后，逐渐打开蒸汽主阀进行暖管，并可向外供汽。

9. 锅炉试运行应避免以冷态单车试运转或者以投入正式运行的初始阶段来代替试运行。

10. 有条件情况下，锅炉试运行应满负荷进行。

四、措施

(1) 试运行应有设计、监理、安装、建设等单位专业人员参加，共同签署记录。

(2) 试运行过程中应注意查看设备油箱的油位、轴承温升、运行电流、设备振动等情况是否正常；检查热膨胀下的各部位变化状况；检查炉排及输煤机皮带是否跑偏；查看运行中各系统是否协调等，并做好记录。

(3) 试运行中出现的缺陷和故障，要查明原因，分清责任，及时修整。

五、检查要点

检查烘炉、煮炉和试运行记录。

11.20 第13.6.1条

一、条文内容

热交换器应以最大工作压力的 1.5 倍做水压试验，蒸汽部分应不低于蒸汽供汽压力加 0.3MPa；热水部分应不低于 0.4MPa。

检验方法：在试验压力下，保持 10min 压力不降。

二、图示（图 11-22）

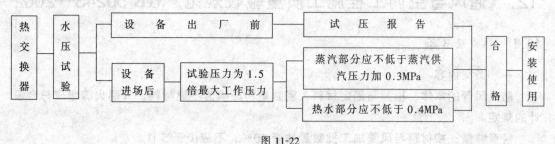

图 11-22

三、说明

1．热交换器是换热站的主要设备，为保证其运行中的安全可靠，要求在设备进场后或安装前进行水压试验，以确认承压能力和严密性。

2．每台热交换器应单独进行试验。

3．检验方法

（1）在试验压力下 10min 内压力降下超过 0.02MPa；然后降至工作压力进行检查，压力不降，不渗、不漏；

（2）观察检查，不得有残余变形，受压元件金属壁和焊缝上不得有水珠和水雾。

四、措施

（1）水压试验应有安装单位进行，建设、监理等单位人员监督检查试验的过程和结果。

（2）试验不合格不得安装，应做好试验记录，由制造厂家进行处理。

五、检查要点

检查设备试压报告及进场检验、试验记录。

12.《通风与空调工程施工质量验收规范》GB 50243—2002

12.1 第 4.2.3 条

一、条文内容

防火风管的本体、框架与固定材料、密封垫料必须为不燃材料,其耐火等级应符合设计的规定。

检查数量:按材料与风管加工批数量抽查10%,不应少于5件。

检查方法:查验材料质量合格证明文件、性能检测报告,观察检查与点燃试验。

二、图示(图 12-1)

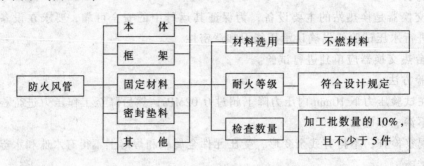

图 12-1

三、说明

(1)防火风管是指建筑物局部起火后,仍能维持一定时间正常功能的风管,它是建筑中的安全救生系统,主要采用不燃、耐火材料制成。

(2)防火风管主要应用于建筑物避难层的空调系统、火灾时的排烟或正压送风的救生保障系统等,一般可分为1h、2h、4h等不同要求耐火极限。

四、措施

(1)所选用风管本体、框架与固定材料、密封垫料的材料,其防火性能必须符合设计规定,并应根据设计规定的耐火时间,进行核对。

(2)风管安装的结构强度和严密性符合设计规定和规范要求。

五、检查要点

(1)检查风管的材料质量保证书、材料耐火性能检测报告。

(2)现场进行观察检查与点燃试验。

12.2 第 4.2.4 条

一、条文内容

复合材料风管的覆面材料必须为不燃材料,内层的绝热材料应为不燃或难燃 B_1 级,且对人体无害的材料。

检查数量：按材料与风管加工批数量抽查10%，不得少于5件。

检查方法：查验材料质量合格证明文件、性能检测报告，观察检查与点燃试验。

二、图示（图12-2）

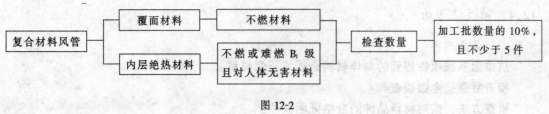

图12-2

三、说明

(1) 复合材料风管板材的组成：一般由两种或两种以上不同性能的材料组成。

(2) 复合材料风管板材的特点：重量轻、导热系数小、施工操作方便等。

(3) 复合材料风管中的绝热材料，可以有多种耐火性能，如：不燃、难燃等。

四、措施

(1) 内层为不燃绝热材料的复合材料风管可按产品质量证书，一次验收通过。

(2) 内层为难燃材料的复合材料风管，应在现场对板材执行抽检，并进行点燃试验，如发现有去掉火源后自燃不熄，或大于5s后熄灭，必须对产品性能进行验证送检，合格后才允许使用。

五、检查要点

(1) 检查风管材料的质量合格证明文件及性能检测报告。

(2) 现场进行点燃试验。

12.3 第5.2.4条

一、条文内容

防爆风阀的制作材料必须符合设计规定，不得自行替换。

检查数量：全数检查。

检查方法：核对材料品种、规格，观察检查。

二、图示（图12-3）

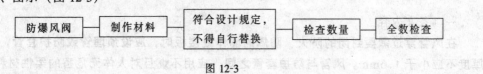

图12-3

三、说明

(1) 防爆风阀主要使用于含有易燃、易爆气体的系统和场所。

(2) 防爆风阀叶片的连杆、轴与轴套等活动部位的材料，必须采用不能因为摩擦或静电作用产生火花，且容易与环境发生化学反应而自燃起火的材料。

四、措施

防爆风阀的制作材料必须符合设计规定。

五、检查要点

(1) 检查防爆风阀材料的质量合格证明文件。

(2) 检查制作材料品种、规格。

12.4 第5.2.7条

一、条文内容

防排烟系统柔性短管的制作材料必须为不燃材料。

检查数量：全数检查。

检查方法：核对材料品种的合格证明文件。

二、图示（图12-4）

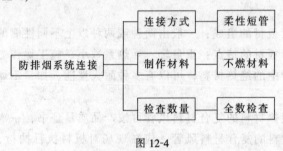

图12-4

三、说明

建筑物发生火灾时，局部环境空气温度急剧升高，致使防排烟系统管内和管外空气温度都比较高。若使用可燃或难燃材料制作的柔性短管，在高温的烘烤下，极易造成破损或被引燃，从而使系统功能失效。为了避免此类情况的发生，防排烟系统柔性短管，必须采用不燃材料制成。

四、措施

防排烟系统柔性短管制作材料为不燃材料，其防火性能必须符合设计要求。

五、检查要点

检查柔性短管制作材料的质量合格证明文件和试验报告。

12.5 第6.2.1条

一、条文内容

在风管穿过需要封闭的防火、防爆的墙体或楼板时，应设预埋管或防护套管，其钢板厚度不应小于1.6mm。风管与防护套管之间，应用不燃且对人体无危害的柔性材料封堵。

检查数量：按数量抽查20%，不得少于1个系统。

检查方法：尺量、观察检查。

二、图示（图12-5）

图 12-5

三、说明

(1) 防火、防爆的墙体或楼板是建筑物防火灾扩散的防护结构。当风管穿越时，不得破坏其相应的结构强度、可靠性能及防火隔断性能。

(2) 对于较大的或特殊结构的墙体，为了满足其强度要求，钢板的厚度可予以增大。

四、措施

(1) 按施工图进行核对，不应有遗漏。

(2) 预埋管或防护套管的加工尺寸、厚度和结构强度应符合要求。

(3) 预埋管或防护套管安装位置的座标、标高应符合设计规定。

(4) 封堵材料的品种、规格、性能、封堵密实情况，不符合要求的必须进行整改。

五、检查要点

(1) 检查钢板及封堵材料的质量合格证明文件和试验报告。

(2) 检查预埋管或防护套管实物工程质量。

12.6 第6.2.2条

一、条文内容

风管安装必须符合下列规定：

(1) 风管内严禁其他管线穿越；

(2) 输送含有易燃、易爆气体或安装在易燃、易爆环境的风管系统应有良好的接地，通过生活区或其他辅助生产房间时必须严密，并不得设置接口；

(3) 室外立管的固定拉索严禁拉在避雷针或避雷网上。

检查数量：按数量抽查20%，不得少于1个系统。

检查方法：手扳、尺量、观察检查。

二、图示（图 12-6）

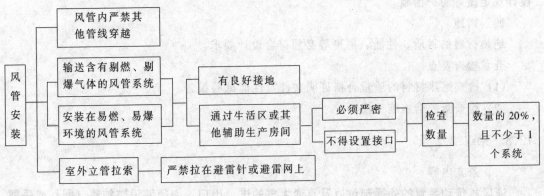

图 12-6

181

三、说明

(1) 为保证风管和管线的安全使用,无论水、电或气体其他管线等,均严禁在风管内穿越。

(2) 为了防止静电引起的意外事故发生,对于输送含有易燃、易爆气体或安装在易燃、易爆环境的风管系统,必须有良好的接地。

(3) 当室外立管达到一定高度,且无其他牢固的抗风措施时,可采用拉索进行固定,拉索必须为3根或以上,且必须分布在大于180°的空间范围内。

(4) 若将拉索的一端拉在避雷针(网)上,会使风管系统成为雷电的载体,可能引发一系列安全问题。

四、措施

风管安装必须符合设计图纸和本规范规定。

五、检查要点

(1) 检查施工质量验收记录。
(2) 现场检查风管安装质量。

12.7 第6.2.3条

一、条文内容

输送空气温度高于80℃的风管,应按设计规定采取防护措施。

检查数量:按数量抽查20%,不得少于1个系统。

检查方法:观察检查。

二、图示(图12-7)

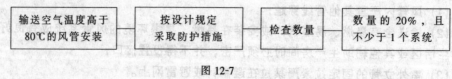

图12-7

三、说明

当风管输送的空气温度高于80℃时,其外表面很容易造成对人员的伤害,故必须按设计规定做好防护措施。

四、措施

绝热材料的材质、性能、厚度等必须符合设计要求。

五、检查要点

(1) 检查绝热材料的质量合格证明文件及性能试验报告。
(2) 检查防护措施施工质量。

12.8 第7.2.2条

一、条文内容

通风机传动装置的外露部位以及直通大气的进、出口,必须装设防护罩(网)或采取

其他安全设施。

检查数量：全数检查。

检查方法：依据设计图核对、观察检查。

二、图示（图12-8）

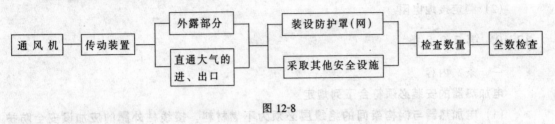

图 12-8

三、说明

（1）通风机传动装置的外露部位，在风机运行时，都处于高速旋转之中，它们都可能对人造成伤害，因此必须加设防护罩。它们通常为皮带防护罩和联轴器防护罩。

（2）对于不连接风管或其他设备通风机的进、出风口处，敞开的风口易将杂物或人体吸入风机，以至设备损坏和人身伤害事故，故规范规定必须设置防护网。

四、措施

（1）通风机传动装置的外露部位，必须加设防护罩。

（2）对于不连接风管或其他设备通风机的进、出风口处必须设置防护网。

（3）防护罩、防护网必须固定牢固，而且有一定的机械强度。

五、检查要点

依据设计图核对检查防护罩（网）等安全设施。在单机试运转时，风机的防护罩（网）必须装设完成。

12.9 第7.2.7条

一、条文内容

静电空气过滤器金属外壳接地必须良好。

检查数量：按总数抽查20%，不得少于1台。

检查方法：核对材料、观察检查或电阻测定。

二、图示（图12-9）

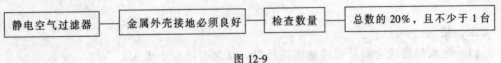

图 12-9

三、说明

静电空气过滤器是利用高压静电场对空气中的微小浮尘，进行有效清除的空气处理设备。当设备运行时，设备带有高压电，为了防止意外事故的伤害，其外壳必须进行可靠的接地。

四、措施

(1) 核对设备外壳的材料。
(2) 静电空气过滤器的金属外壳接地连接可靠,接地电阻应小于4Ω。

五、检查要点

(1) 观察检查接地连接点的可靠性。
(2) 测定接地电阻。

12.10 第7.2.8条

一、条文内容

电加热器的安装必须符合下列规定:

(1) 电加热器与钢构架间的绝缘层必须为不燃材料,接线柱外露的应加设安全防护罩;

(2) 电加热器的金属外壳接地必须良好;

(3) 连接电加热器的风管的法兰垫片,应采用耐热不燃材料。

检查数量:按总数抽查20%,不得少于1台。

检查方法:核对材料、观察检查或电阻测定。

二、图示(图12-10)

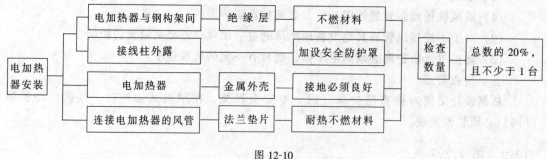

图 12-10

三、说明

(1) 电加热器运行后,存在对人体可能产生伤害的高压电,为了避免电的意外伤害,规范规定对接线柱外露的应加设防护罩,金属外壳还应可靠接地。

(2) 电加热器运行后,产生高温,容易引发火灾,为防止及火灾事故的发生,规范规定电加热器与钢结构间的绝热层和连接电加热器的风管的法兰垫片,必须为耐热不燃的材料。

四、措施

(1) 电加热器的金属外壳接地连接可靠,接地电阻应小于4Ω。
(2) 接地干线必须引至电加热器的金属外壳周围。
(3) 所采用的绝缘层材料、法兰垫片材料应进行性能测试。

五、检查要点

(1) 检查电加器与钢构架间的绝热层材料的绝热性能检测报告。
(2) 检查连接电加热器风管的法兰垫片的耐燃性能检测报告。
(3) 测定接地电阻。

12.11 第8.2.6条

一、条文内容

燃油管道系统必须设置可靠的防静电接地装置,其管道法兰应采用镀锌螺栓连接或在法兰处用铜导线进行跨接,且应接合良好。

检查数量:系统全数检查。

检查方法:观察检查、查阅试验记录。

二、图示(图12-11)

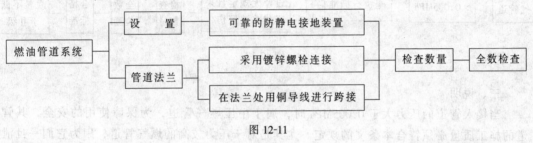

图 12-11

三、说明

(1)燃油管道系统的静电火花,可能会造成很大的危害,必须杜绝。

(2)本条文强调的是整个系统的接地应可靠,法兰处的连接电阻应尽量小。

四、措施

(1)系统接地的连接安装应紧密可靠,接地电阻应小于4Ω。

(2)管道法兰安装前应有明确的连接方案,应采用镀锌螺栓连接或用铜导线跨接紧密。

五、检查要点

(1)检查燃油管道系统的防静电接地装置是否可靠。

(2)检查管道法兰镀锌螺栓或铜导线跨接连接的质量。

12.12 第8.2.7条

一、条文内容

燃气系统管道与机组的连接不得使用非金属软管。燃气管道的吹扫和压力试验应为压缩空气或氮气,严禁用水。当燃气供气管道压力大于0.005MPa时,焊缝的无损检测的执行标准应按设计规定。当设计无规定,且采用超声波探伤时,应全数检测,以质量不低于Ⅱ级为合格。

检查数量:系统全数检查。

检查方法:观察检查、查阅探伤报告和试验记录。

二、图示(图12-12)

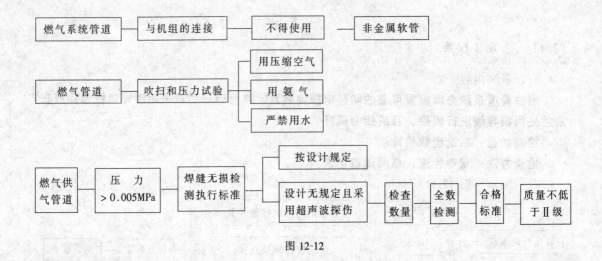

图 12-12

三、说明

当接入管道的压力大于 0.005MPa 时,属于中压燃气管道,为保障使用的安全,其管道的施工质量必须符合本条文的规定。尤其是对于压力较高的燃气管道,因为它们一旦泄漏燃烧、爆炸将对建筑和人员造成严重危害。

四、措施

(1) 认真核对施工设计文件,确认是否为中压燃气管道。
(2) 严格执行施工方案,严禁用水吹扫和压力试验。
(3) 焊缝做无损检测应认真进行,监理人员应见证取样。

五、检查要点

(1) 检查燃气管道与机组的连接软管的材质。
(2) 检查管道焊缝的外观质量。
(3) 检查管道焊缝的探伤报告和试验记录。

12.13 第 11.2.1 条

一、条文内容

通风与空调工程安装完毕,必须进行系统的测定和调整(简称调试)。系统调试应包括下列项目:

(1) 设备单机试运转及调试。
(2) 系统无生产负荷下的联合试运转及调试。

检查数量:全数。

检查方法:观察、旁站、查阅调试记录。

二、图示(图 12-13)

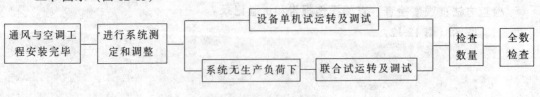

图 12-13

三、说明

通风与空调工程完工后，为使工程达到预期的目的，达到设计规定的各种技术参数，规定必须进行系统的测定和调整。它包括设备的单机试运转和调试及无生产负荷下的联合试运转和调试两部分内容。

四、措施

监理人员旁站检查调试过程。

五、检查要点

（1）检查施工日记及相关记录。

（2）复查、验证系统调试报告的相符性和可靠性。

12.14 第11.2.4条

一、条文内容

防排烟系统联合试运行与调试的结果（风量及正压），必须符合设计与消防的规定。

检查数量：按总数抽查10%，且不得少于2个楼层。

检查方法：观察、旁站、查阅调试记录。

二、图示（图12-14）

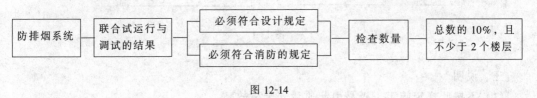

图12-14

三、说明

通风与空调工程中的防排烟系统是建筑内的安全保障救生系统，为了保证建筑物的安全使用，规定了它们的联合试运转和调试的结果，必须符合设计和消防的验收规定。

四、措施

监理人员旁站检查调试及试运行过程。

五、检查要点

（1）检查施工日记及相关记录。

（2）复查、验证防排烟系统调试报告数据与设计和消防规定的相符性和可靠性。

13.《建筑电气工程施工质量验收规范》GB 50303—2002

13.1 第 3.1.7 条

一、条文内容

接地（PE）或接零（PEN）支线必须单独与接地（PE）或接零（PEN）干线相连接，不得串联连接。

二、图示（图 13-1）

图 13-1

三、说明

(1) 不按此规定施工，极易引起质量安全事故。

(2) 电气设备或导管等可接近裸露导体的接地或接零可靠是防止电击伤害的主要手段。

(3) 由于这些设备器具及其单独个体在使用中往往由于维修、更换、移位，只要拆除其中一件，则与干线相连方向相反的另一侧，所有电气设备、器具以及其他单独个体全部失去电击保护。

四、措施

(1) 明确干线和支线的区分，尽可能采用熔焊连接。

(2) 若局部采用螺栓连接，除紧固件齐全拧紧外，可采用机械手段使其不易拆卸或用色点标识引起注意，不能拆卸。

(3) 支线坚持从干线引出，引至设备、器具以及其他单独个体。

(4) 接地线的规格、型号应符合设计要求。

五、检查要点

(1) 如暗敷，检查隐蔽验收记录或敷设时设置必检点，监理人员旁站检查。

(2) 若为明敷可观察检查，同时可查验设备、器具及其他单独个体的接地端子和本体是否有 2 根（含 2 根）导线，如有此情况，拆除后，用仪表测量邻近的设备、器具以及其他单独个体的接地连通状态。

13.2 第 3.1.8 条

一、条文内容

高压的电气设备和布线系统及继电保护系统的交接试验，必须符合现行国家标准《电气装置安装工程电气设备交接试验标准》GB 50150 的规定。

二、图示（图 13-2）

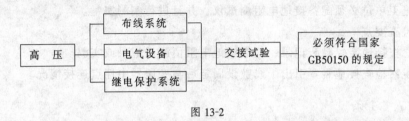

图 13-2

三、说明

（1）高压电气设备，如不妥善进行交接试验运行中会发生事故导致电网解列或局部解列，造成大面积停电，造成严重的经济损失及社会影响。

（2）同时造成所供电的建筑物失去使用功能和局部失去使用功能。

四、措施

（1）依据施工设计文件和工程实际编制试验方案或作业指导书，其中与供电电网接口的继电保护整定参数值和计量结线部分，要取得工程所在地供电部门书面确认。

（2）高压部分应由取得相应资质等级的专业施工队伍施工，专业施工队伍应配备专业人员及相关的施工及检测设备。

（3）交接试验时监理人员应旁站检查。

五、检查要点

检查交接试验报告，依据施工设计文件核对有无漏项。

13.3　第 4.1.3 条

一、条文内容

变压器中性点应与接地装置引出干线直接连接，接地装置的接地电阻值必须符合设计要求。

二、图示（图 13-3）

图 13-3

三、说明

（1）变压器中性点是指变压器低压侧三相四线输出的中性点（N 端子）。

（2）提高 TN-S、TN-C-S 低压供电系统供电质量，确保用电安全。

（3）在供电系统中，发生漏电事故时能与保护装置正确配合迅速切断故障电路，还可最大限度降低跨步电压值和接触电压值。

四、措施

(1) 按设计埋设接地装置,隐蔽后检测接地电阻值,并做好记录。

(2) 接地装置引出干线以最近距离经固定牢固后与变压器中性点(端子)连接。

(3) 施工单位必须配备接地电阻测试仪,并且进行实测实量。

五、检查要点

(1) 检查接地装置隐蔽记录,检查连地电阻值测试记录或实测。

(2) 观察检查接地装置引出干线敷设固定后与变压器中性点连接情况。

13.4 第7.1.1条

一、条文内容

电动机、电加热器及电动执行机构的可接近裸露导体必须接地(PE)或接零(PEN)。

二、图示(图13-4)

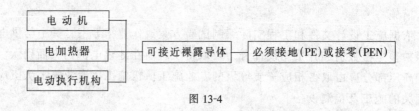

图13-4

三、说明

(1) 建筑电气工程中的低压电动机、电加热器及电动执行机构等为维护操作人员日常接触的设备,若发生漏电事故,存在着较大的电击伤害。

(2) 由于以上原因,施工设计文件必须规定其可接近裸露导体要接地(PE)或接零(PEN),以迅速切断故障电路,降低接触电压,防止人身伤害事故发生。

(3) 电动机、电加热器及电动执行机构绝缘电阻值应大于 $0.5M\Omega$。

四、措施

(1) 选用合格的电动机、电加热器及电动机执行机构等低压用电设备。

(2) 施工中要将接地干线或专用支线敷设至其附近,按设计要求选用多芯软线做接地(PE)或接零(PEN)连通。

(3) 施工中要确保连接的可靠。

五、检查要点

(1) 检查所选用电动机、电加热器及电动执行机构等的质量合格证明文件。

(2) 检查接地(PE)或接零(PEN)安装施工记录。

(3) 观察检查电动机、电加热器及电动执行机构等的专用接地螺栓处连接状况,条件允许情况下做导通状况的测试。

13.5 第8.1.3条

一、条文内容

柴油发电机馈电线路连接后,两端的相序必须与原供电系统的相序一致。

二、图示(图13-5)

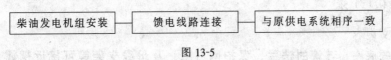

图 13-5

三、说明

(1) 相序一致是指三相对应且交流变化参数规律一致。

(2) 如果发电机馈电线路相序原供电系统相序不一致,不但不能起到继续供电作用,而且需维持供电的重要负荷还会瘫痪。

四、措施

(1) 柴油发电机空载试运行符合要求,馈电线路敷设完成且绝缘测试合格后,再启动柴油发电机,核对馈电线路的相序。

(2) 馈电线路的端部做好标识,以确保接线和维修方便。

(3) 核对相序时监理人员旁站检查。

五、检查要点

检查相序核对记录。

13.6 第9.1.4条

一、条文内容

不间断电源输出端的中性线(N极),必须与由接地装置直接引来的接地干线相连接,做重复接地。

二、图示(图13-6)

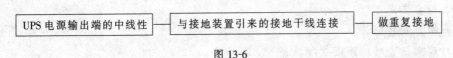

图 13-6

三、说明

(1) 不间断电源供电的负荷均为重要的不可中止供电的负荷。

(2) 这些负荷设备大部分为电子设备,对供电质量要求很高,若不做重复接地既对三相四线供电的中性点漂移遏制不利,又当市电供电侧中性线意外断开时,会引起相电压升高,导致由其供电的重要设备损坏。

(3) 不间断电源装置间连线的线间、线对地间绝缘电阻值应大于0.5MΩ。

四、措施

(1) 认真阅读施工设计文件,确保有引向不间断电源机房的由接地装置直接引来的接地干线。

(2) 确保不间断电源输出端中性线与重复接地干线连接紧固可靠。

五、检查要求

(1) 检查接地干线安装记录或隐蔽工程记录。

(2)观察检查连接状况或用适配扳手拧动检查连接紧固程度。

13.7 第11.1.1条

一、条文内容

绝缘子的底座、套管的法兰、保护网(罩)及母线支架等可接近裸露导体应接地(PE)或接零(PEN)可靠。不应作为接地(PE)或接零(PEN)的接续导体。

二、图示(图13-7)

图 13-7

三、说明

(1)这些部件的接地(PE)或接零(PEN)目的是为了防止绝缘损坏造成电击而伤害人的健康和生命现象发生,同时也可以使故障电路得到迅速切除。

(2)不做串联接地(PE)或接零(PEN)的理由是当检修或移位时,不致其他单独个体失去接地(PE)或接零(PEN)保护。

四、措施

(1)依据施工设计文件,将接地干线引至这些部件附近,待这些部件安装定位后,再做每个部件的接地连接。

(2)确保部件的接地连接可靠。

五、检查要点

(1)检查安装记录。

(2)观察检查接地连接状况。

13.8 第12.1.1条

一、条文内容

金属电缆桥架及其支架和引入或引出的金属电缆导管必须接地(PE)或接零(PEN)可靠,且必须符合下列规定:

(1)金属电缆桥架及其支架全长应不少于2处与接地(PE)或接零(PEN)干线相连接;

(2)非镀锌电缆桥架间连接板的两端跨接铜芯接地线,接地线最小允许截面积不小于4mm^2;

(3)镀锌电缆桥架间连接板的两端不跨接接地线,但连接板两端不少于2个有防松螺帽或防松垫圈的连接固定螺栓。

二、图示(图13-8)

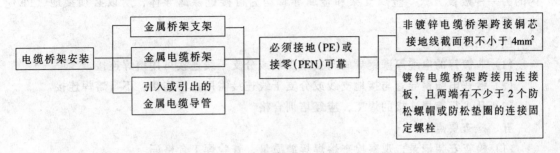

图 13-8

三、说明

金属电缆桥架是可接近裸露导体,在电缆竖井、吊顶中敷设,在工程中是供电干线,影响面大、分布面较广,存在着因线路漏电而引起触电概率大、范围大的潜在危险性。

四、措施

(1) 依据施工设计文件要求,将接地干线引至标明的与桥架连接处附近,待桥架安装完成,电缆敷设前做接地连接。

(2) 镀锌和非镀锌金属桥架连接板两端跨接处均应保持良好电气导通状态。

(3) 电缆桥架的支架与电缆桥架之间有可靠的电气导通,连接处紧固件及防松零件齐全。

(4) 配备相应的检测仪器。

五、检查要求

(1) 检查安装记录,依据施工设计文件核对电缆桥架与接地干线连接点的位置及观察检查连接状态,用仪表抽查非镀锌金属电缆桥架连接处的导通状况。

(2) 观察检查镀锌电缆桥架连接两端螺栓紧固状态,在电缆敷设前抽查桥架底部内侧带有的接地母线与桥架的连接状况。

13.9 第13.1.1条

一、条文内容

金属电缆支架、电缆导管必须接地(PE)或接零(PEN)可靠。

二、图示(图13-9)

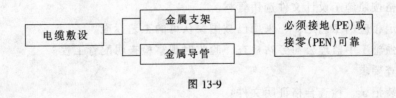

图 13-9

三、说明

建筑电气工程中采用金属支架和金属导管敷设电缆,是供电干线在电缆沟和电缆竖井内的另一种敷设方式。金属支架和金属导管均为可接近裸露导体，所以必须接地（PE）或接零（PEN）可靠。

四、措施

（1）非镀锌的电缆厚壁钢导管与接地支线或分支干线连接可用熔焊连接。

（2）镀锌电缆钢导管与接地支线或分支干线连接需用抱箍连接，不得熔焊连接。

（3）凡进行熔焊连接的焊工，应经培训合格。

五、检查要点

（1）检查安装记录，观察检查熔焊焊缝质量，查验焊工合格证。

（2）观察检查包箍连接处接触状况。必要时做电气导通状况测试。

13.10 第14.1.2条

一、条文内容

金属导管严禁对口熔焊接连；镀锌和壁厚小于等于2mm的钢导管不得套管熔焊连接。

二、图示（图13-10）

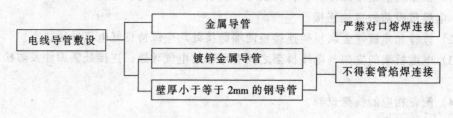

图13-10

三、说明

（1）金属导管对口熔焊易造成焊口形成毛刺或刀口，会使后续工序穿线时损坏电线及电缆的绝缘层。管壁烧穿还易形成小孔，使埋入混凝土中的钢导管渗入浆水而堵塞。这种问题是工程中绝对不允许存在的。

（2）镀锌钢导管保护电线电缆，主要考虑镀锌层的防锈蚀性较好，如果熔焊，必须损坏钢管内外的镀锌层，而钢管内部的镀锌层损坏是不易进行修复的。而普通薄壁钢管，由于管壁较薄，不应采用套管熔焊连接，而应采用螺纹连接，紧定连接，卡套连接等工艺。

四、措施

（1）严格按照施工设计文件选用管材。

（2）制定相应的工艺纪律，采用已被国家认可的工艺标准。

（3）加强施工中监理公司旁站检查，验收时观察检查明配管工程。

五、检查要求

检查安装记录，检查合格证明文件。

13.11 第15.1.1条

一、条文内容

三相或单相的交流单芯电缆，不得单独穿于钢导管内。

二、图示（图 13-11）

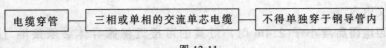

图 13-11

三、说明

如果选用每根单芯交流电缆用钢导管保护，必然使电缆外部套上了一个铁磁闭合回路，当电缆通电运行时，由于互感作用使钢管发生强烈的涡流效应不仅会使电能损失严重，三相不平衡程度增大，而且钢导管产生的高温迅速会使电缆绝缘保护层老化破坏，更为严重的是会引起火灾，造成严重后果。

四、措施

(1) 认真阅读施工设计文件，防止交流单芯电缆敷设中在其外表面形成铁磁闭合回路现象的发生。

(2) 在设计允许的情况下选用 PVC 管。

五、检查要点

(1) 隐蔽工程检查隐蔽工程记录，隐蔽前监理人员旁站检查。

(2) 明敷的检查安装记录和观察检查。

13.12 第 19.1.2 条

一、条文内容

花灯吊钩圆钢直径不应小于灯具挂销直径，且不应小于 6mm，大型花灯的固定及悬吊装置，应按灯具重量的 2 倍做过载试验。

二、图示（图 13-12）

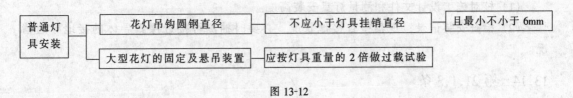

图 13-12

三、说明

花灯一类装饰灯具一般设置于人流密集的场所。如固定不牢，极易造成人身伤害，所以规定吊钩最小直径和预埋件的过载试验是必要的。

四、措施

(1) 安装一般重量的灯具吊钩可用手拉弹簧秤检测，吊钩不应变形。

(2) 对于重型灯具固定及悬吊装置，要以灯具全重的 2 倍砝码做悬吊过载试验，时间 15min，装置无异常。

五、检查要点

检查试验记录或试验时监理人员旁站，必要时做抽测试验。

13.13 第19.1.6条

一、条文内容

当灯具距地面高度小于2.4m时,灯具的可接近裸露导体必须接地(PE)或接零(PEN)可靠,并应有专用接地螺栓,且有标识。

二、图示(图13-13)

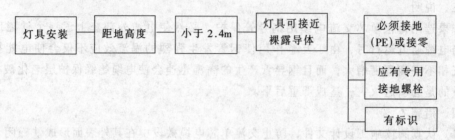

图 13-13

三、说明

在2.4m以下的灯具,由于在人的伸臂范围内且对人有较大的伤害可能性,而在2.4m以上的灯具,人的触摸概率较小,所以在2.4m以下的灯具可接近裸露导体必须接地(PE)或接零(PEN)可靠。

四、措施

(1) 认真阅读施工设计文件,掌握灯具安装位置和高度,检查灯具可接近裸露导体上专用接地螺栓是否符合要求。

(2) 不轻易开断接地线,使接地支线间不发生串连连接现象。

五、检查要点

(1) 核对施工设计文件和测量灯具安装高度。

(2) 检查安装记录,观察检查接地状况,必要时抽测可接近裸露导体的接地导通情况。

13.14 第21.1.3条

一、条文内容

建筑物景观照明灯具安装应符合下列规定:

(1) 每套灯具的导电部分对地绝缘电阻值大于2MΩ;

(2) 在人行道等人员来往密集场所安装的落地式灯具,无围栏防护,安装高度距地面2.5m以上;

(3) 金属构架和灯具的可接近裸露导体及金属软管的接地(PE)或接零(PEN)可靠,且有标识。

二、图示(图13-14)

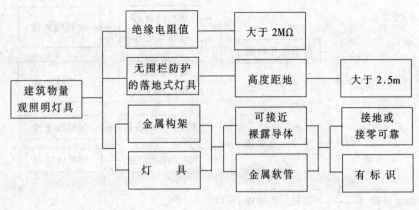

图 13-14

三、说明

(1) 由于景观照明灯具装于室外易受潮湿,且较多的易被人们无意间接触。

(2) 部分灯具选用大功率电光源灯具表面温度较高容易灼伤人体,为此应加强安装前绝缘测定,而且规定了防护措施和防电击措施。

四、措施

区别灯具性质是否属于景观照明灯具,注意安装场所或实测高度,正确选用带有专用接地螺栓的灯具。

五、检查要点

(1) 检查绝缘测试记录,检查安装记录或实测安装高度。

(2) 观察检查接地状况或抽测接地电气导通状况。

13.15 第22.1.2条

一、条文内容

插座接线应符合下列规定:

(1) 单相两孔插座,面对插座的右孔或上孔与相线连接,左孔或下孔与零线连接;单相三孔插座,面对插座的右孔与相线连接,左孔与零线连接;

(2) 单相三孔、三相四孔及三相五孔插座的接地(PE)或接零(PEN)线接在上孔。插座的接地端子不与零线端子连接。同一场所的三相插座,接线的相序一致。

(3) 接地(PE)或接零(PEN)线在插座间不串联连接。

二、图示(图13-15)

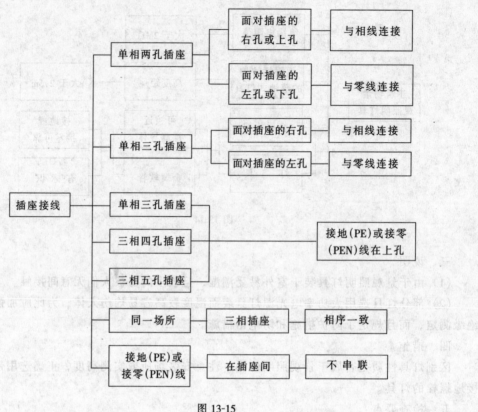

图 13-15

三、说明

(1) 建筑电气工程中存在大量插座，插座的相零地线均应按同一位置设定，否则会造成大量触电事故。

(2) 插座中的接地（PE）或接零（PEN）线不应串联连接。

四、措施

(1) 配管及穿线分项中严格按国际分色，A 相—黄色、B 相—绿色、C 相—红色、N 零—淡蓝色、地线—黄/绿色。

(2) 加强自检互检，纠正错接。

(3) 配备相应的测量仪器。

五、检查要点

(1) 检查安装记录，用专用检验器或仪表抽测接线正确性。

(2) 在重要或大面积活动场所全部检测，其他场所可抽测。

13.16 第 24.1.2 条

一、条文内容

测试接地装置的接地电阻值必须符合设计要求。

二、图示（图 13-16）

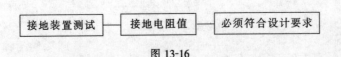

图 13-16

三、说明

(1) 接地装置的接地电阻值大小是关系到建筑物防雷安全,建筑电气装置安全及功能,建筑智能化工程及其他弱电工程功能和使用安全,也涉及在建筑物周围和在内活动的人们在特殊情况下的安全。

(2) 施工单位在工程结束后必须测定是否符合设计要求,不符合应进行处理直至符合。

四、措施

(1) 接地装置施工中做好隐蔽工程记录,施工完后进行检测。

(2) 施工设计文件中接地装置安装的外墙设置不少于 2 个接地电阻检测点。

五、检查要点

检查接地装置接地电阻测试记录。

14.《电梯工程施工质量验收规范》GB 50310—2002

14.1 第 4.2.3 条

一、条文内容

井道必须符合下列规定：

（1）当底坑底面下有人员能到达的空间存在，且对重（或平衡重）上未设有安全钳装置时，对重缓冲器必须能安装在（或平衡重运行区域的下边必须）一直延伸到坚固地面上的实心桩墩上；

（2）电梯安装之前，所有层门预留孔必须设有高度不小于 1.2m 的安全保护围封，并应保证有足够的强度；

（3）当相邻两层门地坎间的距离大于 11m 时、其间必须设置井道安全门，井道安全门严禁向井道内开启，且必须装有安全门处于关闭时电梯才能运行的电气安全装置。当相邻轿厢间有相互救援用轿厢安全门时，可不执行本款。

二、图示（图 14-1）

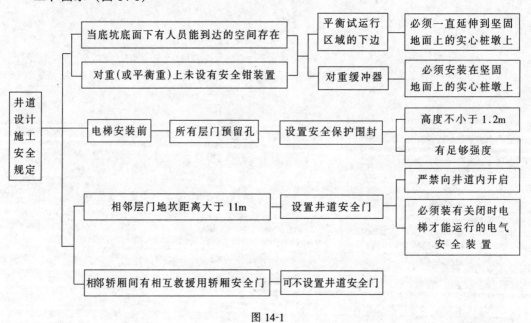

图 14-1

三、说明

1．如果底坑底面下有人员能够到达的空间存在，底坑地面至少应按 5000N/m² 荷载进行土建结构设计、施工。

2．进行电梯安装时，层门预留孔存在施工安全隐患。因此应设置保护围封，采用木质及金属材料制作，且应采用可拆除结构。

3. 如果相邻两层门地坎之间距离大于 11 米时, 不利于救援人员的操作及紧急情况的处理, 容易引起轿内乘客恐慌, 因此要增加井道安全门。

4. 井道安全门和轿厢安全门的高度不应小于 1.8m, 宽度不应小于 0.35m; 将 300N 的力以垂直于安全门表面的方向均匀分布在 $5cm^2$ 的圆形面积 (或方形) 上, 安全门应无永久变形且弹性变形不应大于 15mm。井道安全门还应满足如下要求:

(1) 应装设用钥匙开启的锁;
(2) 应只能向井道外开启;
(3) 应装有安全门处于关闭时电梯才能运行的电气安全装置;
(4) 安全门设置的位置应有利于安全的援救乘客。

四、措施

(1) 电梯设计时, 建筑、安装设计人员应互相配合, 保证电梯井道土建设计、施工符合规范要求。

(2) 土建设计应尽量避免底坑下有人员能够到达的空间, 如果因建筑物功能需要, 在底坑下存在人员能够到达的空间, 则对重缓冲器安装在或平衡重运行区域的下边必须一直延伸到坚固地面上的实心桩墩上。如果底坑底面下的空间采取隔墙、隔障等防护措施使人员不能到达此空间, 则不仅隔墙、隔障的结构、强度应满足要求, 而且支承对重缓冲器 (平衡重运行区域下边) 的地坑地面强度应满足土建布置图要求。

(3) 电梯安装工程施工在没有安装该层层门前, 不得拆除该层安全保护围封, 安全保护围封的材料、结构、强度要求宜符合《建筑施工高处作业安全技术规范》JGJ80 的相应规定。

(4) 土建设计应尽量避免两层地坎间距离大于 11 米, 如果设置井道安全门应优先考虑设置在人们出来后容易踏到楼面的位置上。

五、检查要点

(1) 检查与井道底坑相关部分的施工图纸、施工记录, 并实地查验底坑下方是否存在能够人员进入的空间及实心桩墩设置情况。

(2) 实测实量围封高度。

(3) 对围封的强度进行安全测试。

(4) 如需设置安全门, 应检查安全门的尺寸、强度、开启方向、钥匙开启的锁、电气安全装置是否满足要求。

14.2 第 4.5.2 条

一、条文内容

层门强迫关门装置必须动作正常。

二、图示 (图 14-2)

图 14-2

三、说明

为防止人员坠入井道发生伤亡事故，层门安装完成后，已开启层门在开启方向上如没有外力作用，强迫关门装置应能使层门自行关闭。

四、措施

（1）应按安装、维护使用说明书中的要求安装、调整强迫关门装置。

（2）保证层门系统其他部件的安装施工质量。

五、检查要点

（1）检查人员将层门打开至 1/3、1/2 全行程处将外力取消，层门均应自行关闭。

（2）在门开关过程中，观察重锤式的重锤是否在导向装置内，是否撞击层门其他部件，观察弹簧式的弹簧运动时是否有卡住现象，是否碰撞层门上金属部件。

（3）观察和利用扳手、螺丝刀等工具检验强迫关门装置连接部位是否牢靠。

14.3 第 4.5.4 条

一、条文内容

层门锁钩必须动作灵活，在证实锁紧的电气安全装置动作之前，锁紧元件的最小啮合长度为 7mm。

二、图示（图 14-3）

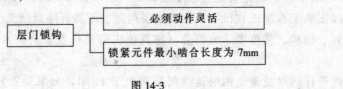

图 14-3

三、说明

（1）层门锁钩动作灵活，是指除外力作用的情况外，锁钩应能从任何位置快速地回到设计要求的锁紧位置；轿门门刀带动门锁或用三角钥匙开锁时，锁钩组件应在设计要求的运动范围内没有卡阻现象，且应实现开锁动作。

（2）证实门锁紧的电气安全装置动作前，锁紧元件之间应达到了最小的 7mm 啮合尺寸，反之当用门刀或三角钥匙开门锁时，锁紧元件之间脱离啮合之前，电气安全装置应已动作。

四、措施

（1）每层门锁在水平方向上应采用同一垂直基准安装、调整。

（2）门锁锁钩锁紧元件等的安装，调整应按安装、维护使用说明书中的要求进行，调整完毕后应及时安装门锁防护。

五、检查要点

（1）观察、测量证实锁紧的电气安全装置动作前，锁紧元件是否已达到最小啮合长度 7mm。

（2）测量门锁与门刀、门锁滚轮与轿门地坎的间隙是否达到要求。

（3）让门刀带动门锁开、关门，观察锁钩动作是否灵活。

14.4 第4.8.1条

一、条文内容

限速器动作速度整定封记必须完好,且无拆动痕迹。

二、图示(图14-4)

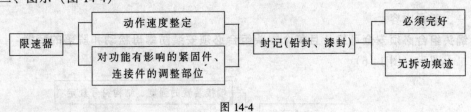

图 14-4

三、说明

封记是防止其他人员调整限速器、改变动作速度、造成安全钳误动作或达到动作速度不动作,导致人员伤亡事故。

四、措施

(1)搬运过程中避免与其他硬物相撞。

(2)现场存放不应将其包装护套打开,且不应露天存放。

(3)采用漆封,宜用红色油漆。

五、检查要求

安装时,核验限速器的型式试验证明书及安装说明书,观察检查封记是否安好。

14.5 第4.8.2条

一、条文内容

当安全钳可调节时,整定封记应完好,且无拆动痕迹。

二、图示(图14-5)

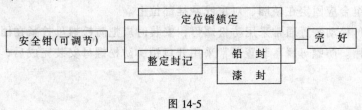

图 14-5

三、说明

封记是为了防止其他人员调整安全钳、改变其额定速度、总容许质量,导致其失去应有作用,造成人员伤亡事故。

四、措施

(1)搬运过程中,应避免与其他硬物相撞。

(2)现场存放不应将其包装护套打开,也不应在露天存放。

(3)采用漆封,宜用红色油漆。

五、检查要点

安装时,核验安全钳的型式试验证明书及安装、维护使用说明书,观察检查封记是否完好。

14.6 第4.9.1条

一、条文内容

绳头组合必须安全可靠,且每个绳头组合必须安装防螺母松动和脱落的装置。

二、图示(图14-6)

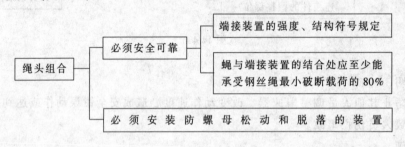

图14-6

三、说明

(1) 绳头组合是指端接装置和钢丝绳端部的组合体。

(2) 钢丝绳与其端接装置连接应采用金属或树脂充填的绳套、自锁紧楔形绳套、至少带有三个合适绳夹的鸡心环套、手工捻接绳环、带绳孔的金属吊杆、环圈(套筒)压紧式绳环或具有同等安全的任何其他装置。

(3) 采用钢丝绳绳夹,应把夹座扣在钢丝绳的工作段上,U形螺栓扣在钢丝绳尾段上;钢丝绳夹间距离应为6~7倍的钢丝绳直径;离环套最远的绳夹不得首先单独紧固,离环套最近的绳夹应尽可能靠近套环。

(4) 绳头组合应固定在轿厢、对重或悬挂部位上。

(5) 防螺母松动装置通常采用防松螺母,安装时应把防松螺母拧紧在固定螺母上以使其起到防松作用。防螺母脱落装置通常采用开口销,防松螺母安装完成后,就应安装开口销。

四、措施

钢丝绳与绳头组合的连接制作应严格按照安装说明书的工艺要求进行。

五、检查要点

(1) 观察检查绳头组合上的钢丝绳是否有断丝。

(2) 观察检查绳夹的使用方法是否正确、绳夹间距离是否满足安装说明书要求,绳夹的数量是否够,绳夹是否正确拧紧。

(3) 用手不应拧动防松螺母、观察开口销的安装是否正确。

14.7 第4.10.1条

一、条文内容

电气设备接地必须符合下列规定：

（1）所有电气设备及导管、线槽的外露可导电部分均必须可靠接地（PE）。

（2）接地支线应分别直接接至接地干线接线柱上，不得互相连接后再接地。

二、图示（图14-7）

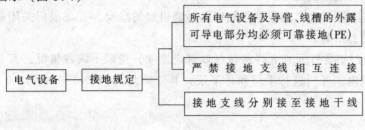

图14-7

三、说明

（1）所有电气设备是电气装置和由电气设备组成部件的统称，如：控制柜、轿厢接线盒、曳引机、开门机、指示器、操纵盘、风扇、电气安全装置以及有电气安全装置组成的层门、限速器、耗能型缓冲器等。

（2）如果电气设备的外壳及导管、线槽的外露部分不导电，则其可以不进行保护性接地连接，这些外壳及导管、线槽的材料应是非燃烧材料，且应符合环保要求。

（3）接地支线到接地干线必须直接连接，应牢固可靠，否则接地支线可能因为局部脱落，而使部分设备失去保护。

四、措施

（1）将接地干线敷设至需接地的外露电导地部分。

（2）用仪器检测接地线的连通情况。

五、检查要点

（1）检查施工记录及隐蔽工程验收记录。

（2）观察检查明敷管接地情况。

14.8 第4.11.3条

一、条文内容

层门与轿门的试验必须符合下列规定：

（1）每层层门必须能够用三角钥匙正常开启；

（2）当一个层门或轿门（在多扇门中任何一扇门）非正常打开时，电梯严禁启动或继续运行。

二、图示（图14-8）

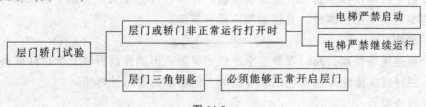

图14-8

三、说明

（1）每层层门必须从井道外使用一个三角钥匙将层门开启，在以下两种情况均应实现上述操作：其一轿厢不在平层区开启层门；其二轿厢在平层区，层门与轿门联动，在开门机断电的情况下，开启层门和轿门。

（2）三角钥匙应附带有"注意使用此钥匙可能引起的危险，并在层门关闭后应注意确认已锁住"内容的提示牌。

（3）层门和轿门正常打开且允许运行（以规定速度）指以下两种情况：其一轿厢在相应楼层的开锁区域内，开门进行平层和再平层；其二满足（GB7588 中 7.7.2.2 b）要求的装卸货物操作。

四、措施

（1）层门上的三角钥匙孔与钥匙必须相配，开锁组件及门锁的相对位置应按安装调试说明进行。

（2）在使用和保管三角钥匙过程中不应损坏提示牌。

（3）用来验证门的锁闭状态，闭合状态的电气安全装置及验证门扇闭合状态的电气安全装置的位置应严格按照安装、调试说明书进行。

五、检查要点

（1）轿厢停在每一层站开锁区内、断开开门机电源，用三角钥匙在井道外开锁。

（2）检查三角钥匙附带的提示牌上内容是否完整、是否被损坏。

（3）在检修运行情况下，逐层用三角钥匙开门、观察电梯是否停止运行和不再启动。

（4）将轿厢停在便于观察验证层门门扇闭合状态的电气装置的位置上打开层门，观察此装置是否动作。

14.9 第 6.2.2 条

一、条文内容

在安装之前，井道周围必须设有保证安全的栏杆或屏障，其高度严禁小于 1.2m。

二、图示（图 14-9）

图 14-9

三、说明

为了防止自动扶梯、自动人行道安装前，建筑物内施工人员无意中跌入自动扶梯、自动人行道井道发生伤亡事故，井道周围应设置屏障。

四、措施

（1）加强现场管理，及时安装安全栏杆或屏障，不能提前拆除安全栏杆或屏障。

（2）栏杆或屏障应采用黄色或装有提醒人们注意的警示性标语。

五、检查要点

自动扶梯、自动人行道安装前，实测安全栏杆或屏障的高度及强度。